高职高专电气自动化“十二五”规划教材

变频器应用与维护项目教程

张　娟　吕志香　主编
倪永宏　主审

化学工业出版社
·北京·

本书依据自动化类专业高技能型人才的培养要求，针对高职教育的教学要求和办学特点，突破传统学科教育对学生技术应用能力培养的局限，以项目构建教学体系，以任务驱动教学内容，介绍了变频器的选型、应用、安装与调试。主要内容包括变频器基本操作与认识、变频器基本功能训练、变频器安装与维护、变频器典型应用工程实施 4 个项目。每个项目包含若干个任务，每个任务从提出学习目标和要求开始，设定训练内容，同时结合所用知识点，辅以必要的理论分析，使理论指导实践。在任务后半部分明确操作步骤和成绩评分标准。通过本书学习，可使学生对变频器技术的应用有一个较全面的了解。

本书可作为高职院校电气自动化专业、机电一体化专业及其相关专业高技能型人才培养的教材，也可供相关工程技术人员参考。

图书在版编目（CIP）数据

变频器应用与维护项目教程/张娟，吕志香主编．—北京：化学工业出版社，2014.8
高职高专电气自动化“十二五”规划教材
ISBN 978-7-122-20947-4

Ⅰ.①变… Ⅱ.①张… ②吕… Ⅲ.①变频器-高等职业教育-教材 Ⅳ.①TN773

中国版本图书馆 CIP 数据核字（2014）第 127827 号

责任编辑：刘　青　　装帧设计：王晓宇
责任校对：宋　玮

出版发行：化学工业出版社（北京市东城区青年湖南街 13 号　邮政编码 100011）
印　　装：三河市延风印装厂
787mm×1092mm　1/16　印张 7¾　字数 177 千字　2014 年 9 月北京第 1 版第 1 次印刷

购书咨询：010-64518888（传真：010-64519686）　售后服务：010-64518899
网　　址：http://www.cip.com.cn
凡购买本书，如有缺损质量问题，本社销售中心负责调换。

定　　价：20.00 元

前 言

高等职业教育的教学，以培养学生综合职业能力为目标。高职高专教学改革，打破传统的学科体系课程结构，建立了基本工作过程的课程体系。本书以典型设备为载体，采用任务引领、实践导向的课程设计思想编写。

全书由 4 个项目、14 个任务构成，每个任务都有明确的学习目标。各学习目标依托西门子公司生产的 MM440 型变频器进行相关知识的介绍及技能训练。主要内容包括变频器基本知识与操作，变频器的常用控制功能、安装与维护，以及典型的工程应用。本书主要特点有以下几个方面。

(1) 任务引领，实践导向。依照实际工作任务、工作过程和工作情境组织内容。从岗位需求出发，整合相关知识、技能，为学生提供体验完整工作过程的学习机会。

(2) 理实一体，学练交替。理论实践一体化教学突破以往理论与实践相脱节的现象，强调充分发挥教师的主导作用，通过设定教学任务和教学目标，使学生在“教、学、做”一体的环境下完成学习任务。

(3) 由浅入深，循序渐进。各项目中的任务编排，遵循从简单到复杂的认知规律。从初步认识变频器到变频器基本操作训练，再到针对典型工程应用系统进行综合能力训练。对于核心技能，则在各任务中反复训练。

参与编写的人员主要由高职院校从事变频器研究和教学的骨干教师和企业相关技术人员组成。扬州工业职业技术学院张娟、吕志香担任主编，唐明军、蔡连桂参与编写。其中，项目一、项目二由张娟编写，项目三由唐明军编写，项目四由吕志香编写，全书的统稿由张娟负责。蔡连桂工程师对本书任务选择及确定提出了宝贵意见。

由于编者水平有限，书中疏漏和不妥之处在所难免，敬请读者批评指正。

编者

2014 年 4 月

目 录

项目一　变频器基本操作与认识

任务 1.1　变频器结构认识

学习目标

1. 了解变频器的基本构成和工作原理。
2. 了解变频器在各行业上的应用。
3. 初步具备节能意识和环保意识。
4. 根据 5S 现场管理要求，养成良好的工作习惯和职业素养。

任务要求

1. 通过观察、操作、查阅资料，了解变频器的功能特性、外部结构、内部组成、铭牌识别、应用背景。
2. 记录实验室中变频器的型号。
3. 记录实验室中变频器外部接口信号端子的名称、功能。
4. 查阅手册，列出实验室中变频器的主要功能、技术参数等。

相关知识

一、变频器的调速原理及基本构成

1. 变频器的调速原理

根据电机原理，交流电动机的同步转速为

$$n_0=\frac{60f_1}{p} \tag{1-1}$$

式中，f_1 为供电电网频率，Hz；p 为电机磁极对数；n_0 为同步转速，r/min。

同步电动机的转速与同步转速相同，而异步电动机的转速略小于同步转速，其转速表达式为

$$n_N=n_0(1-s)=\frac{60f_1}{p}(1-s) \tag{1-2}$$

式中，s 为转差率。

无论同步电动机还是异步电动机，由转速表达式可以看出，当输入交流电源的频率发生改变时，其转速也将随之改变，这就是变频调速的理论依据。

2. 变频器的基本构成

通用变频器一般都采用交-直-交的方式，其结构示意图如图 1-1 所示。变频器通常由主电路、控制和保护电路组成。

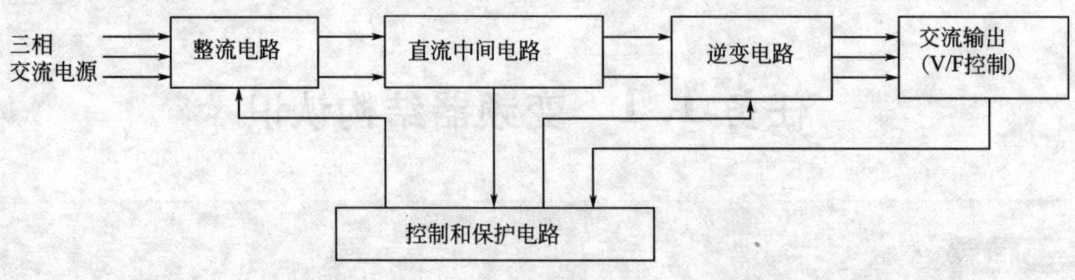

图 1-1　交-直-交变频器的结构示意图

(1) 主电路

通用变频器的主电路包括整流电路、直流环节、逆变电路、可控频率三相交流电源输出电路等。

整流电路用于将工频交流电变换为直流电。

直流环节用于提供稳定的直流电源（恒压或恒流），有的变频器还提供交流电动机反馈制动时的再生电流通路。

逆变电路主要是将直流电源变换为频率和电压均可控的三相交流电源。常见的逆变电路是由 6 个半导体主开关器件组成的三相桥式逆变电路。

交流输出电路一般包括输出滤波电路、驱动电路以及反馈电路等。

(2) 控制和保护电路

控制电路的功能是按要求产生和调节一系列的控制脉冲来控制逆变器开关管的导通和关断，从而配合逆变电路完成逆变任务。在变频技术中，控制电路和逆变电路同样重要，都是衡量变频器质量的重要指标。控制电路大多采用计算机技术，以实现自动控制和增强变频器的功能。

保护电路主要包括输入和输出的过压保护、欠压保护、过载保护、过流保护、短路保护、过热保护等。在不少应用场合，变频器自身还有过速保护、失速保护、制动控制等辅助电路。

二、变频器的分类

变频器是把电压、频率固定的交流电变成电压、频率可调的交流电的一种电力电子装置。

目前国内外变频器种类很多，可按以下几种方式分类。

1. 按变换环节分类

(1) 交-直-交变频器

交-直-交变频器首先将频率固定的交流电整流成直流电，经过滤波，再将平滑的直流电逆变成频率连续可调的交流电，也称为间接式变频器。由于把直流电逆变成交流电的环节较易控制，因此在频率的调节范围内，以及改善频率后电动机的特性等方面都有明显的优势。目前，应用广泛的通用型变频器都是交-直-交变频器。

(2) 交-交变频器

交-交变频器把频率固定的交流电直接变换成频率连续可调的交流电。其主要优点是没有中间环节，故变换效率高，但其连续可调的频率范围窄，一般当电源频率为50Hz时，最大输出频率不超过20Hz，因此它主要用于低速大容量的拖动系统中。

2. 按电压等级分类

(1) 低压型变频器

这类变频器电压单相为220～240V，三相为220V或380～460V。通常用200V类、400V类标称这类变频器。容量为0.2～280kW，多则达500kW。因此，这类变频器又称做中小容量变频器。

(2) 高压型变频器

它有两种形式，一种采用升降压变压器形式，称为高-低-高式变频器，亦称做间接高压变频器；另一种采用高压大容量GTO晶闸管或晶闸管功率元件串联结构，无输入、输出变压器，称做直接高压变频器。

3. 按电压的调制方式分类

(1) PAM（脉幅调制）

所谓PAM，是Pulse Amplitude Modulation的简称，它是通过调节输出脉冲的幅值来调节输出电压的一种方式。调节过程中，逆变器负责调频，相控整流器或直流斩波器负责调压。目前，在中小容量变频器中很少采用。

(2) PWM（脉宽调制）

所谓PWM，是Pulse Width Modulation的简称，它是通过改变输出脉冲的宽度和占空比来调节输出电压的一种方式。调节过程中，逆变器负责调频调压。目前，普遍应用的是脉宽按正弦规律变化的正弦脉宽调制方式，即SPWM方式。中小容量的通用变频器几乎全部采用此类型的变频器。

4. 按滤波方式分类

(1) 电压型变频器

在交-直-交变压变频装置中，当中间直流环节采用大电容滤波时，直流电压波形比较平直，在理想情况下可以等效成一个内阻抗为零的恒压源，输出的交流电压是矩形波或阶梯波，这类变频装置称做电压型变频器。一般的交-交变压变频装置虽然没有滤波电容，但供电电源的低阻抗使它具有电压源的性质，也属于电压型变频器。

(2) 电流型变频器

在交-直-交变压变频装置中，当中间直流环节采用大电感滤波时，直流电流小且比较平直，因而电源内阻抗很大，对负载来说基本上是一个电流源，输出交流电流是矩形波或阶梯波，这类变频装置称做电流型变频器。有的交-交变压变频装置用电抗器将输出电流强制变成矩形波或阶梯波，具有电流源的性质，它也是电流型变频器。

5. 按输入电源的相数分类

(1) 三进三出

变频器的输入侧和输出侧都是三相交流电，绝大多数变频器都属于此类。

(2) 单进三出

变频器的输入侧为单相交流电，输出侧是三相交流电，家用电器里的变频器都属于此类，通常容量较小。

6. 按控制方式分类

（1）V/F 控制

V/F 控制即 VVVF（Variable Voltage Variable Frequency），是在改变变频器输出频率的同时控制变频器输出电压，使电动机的主磁通保持一定，在较宽的调速范围内，电动机的效率和功率因数保持不变。因为是控制电压和频率的比，所以称为 V/F 控制。

实际控制时有两种情况：

① 基频 f_N（如 50Hz）以下调速。为保持磁通不变，当频率从额定值向下调节时，必须同时降低电压，使 U/f 为常数，即恒压频比的控制方式。由于磁通恒定不变，所以转矩基本恒定，因此调速近似为恒转矩调速。

② 在基频 f_N以上调速。由于电动机受到定子绕组绝缘强度的限制，U 不允许超过 U_N（额定电压），所以主磁通随着 f 的升高反而下降，相当于直流电动机弱磁调速的情况，调速近似为恒功率调速。

一般来说，若电动机需要低于额定转速运行时，可采用恒转矩调速。若电动机需要高于额定转速运行时，应采用恒功率调速，类似于直流电动机的弱磁调速情况。变频器提供有多种的 U/f（函数）曲线，用户可根据电动机的负载性质和运行状况加以设定。

V/F 控制方式的基本特点是控制电路简单，成本低，机械特性硬度较好，能够满足一般传动平滑调速的要求。但是这种控制方式在低频时，由于输出电压较低，转矩受定子阻抗压降的影响较为明显，使最大输出转矩减小，必须进行转矩补偿，以改变低频转矩特性。另外，这种变频器采用开环控制方式，不能达到较高的控制性能。故 V/F 控制一般多用于通用型变频器，在风机、泵类机械的节能运转及生产流水线的工作台传动，空调等家用电器也采用 V/F 控制的变频器。

（2）矢量控制

上述的 V/F 控制方式和转差率控制方式的控制思想都是建立在异步电动机的静态数学模型上，因此动态性能指标不高。而矢量控制是一种高性能异步电动机控制方式，它基于电动机的动态模型，分别控制电动机的转矩电流和励磁电流，具有直流电动机相类似的控制性能。采用矢量控制方式的目的，主要是为了提高变频器调速的动态性能。

（3）直接转矩控制

直接转矩控制是继矢量控制之后发展起来的另一种高性能的异步电动机控制方式。和矢量控制不同，直接转矩控制不采用解耦的方式，从而在算法上不存在旋转坐标变换，简单地通过检测电动机定子电压和电流，借助瞬时空间矢量理论计算电动机的磁链和转矩，并根据与给定值比较所得差值，实现磁链和转矩的直接控制。

直接转矩控制具有鲁棒性强、转矩动态响应好、控制结构简单、计算简便等优点，在很大程度上解决了矢量控制中结构复杂、计算量大、对参数变化敏感等问题。主要缺点一是电子电流和磁链的畸变非常严重；二是低速区转矩脉动大，因而限制了调速范围。目前，直接转矩控制已成功应用于电力机车牵引的大功率交流传动上。

7. 按用途分类

（1）通用变频器

低频下能输出大转矩功能，载频任意可调，调节范围为 1～12kHz。有很强的抗干扰能力，噪声小。也有采用空间电压矢量随机 PWM 控制方法的，功率因数高，动态性能好，转矩大，噪声低。具有转速提升功能和失速调节功能，能模拟通道及端子触发方式选择功能。通用型变频器是用途最为广泛的变频器。

(2) 风机、泵类专用变频器

这类变频器具有无水、过压、过流、过载等保护功能。控制水泵时，采用“一拖一”、“一拖二”控制模式。V/F 补偿曲线更加适合风机、泵类的负载特性。内置 PID 调节器和软件制动功能模块。变频器运行前的制动保护功能，保护变频器和风机、泵类不受损害。

(3) 注塑机专用变频器

注塑机专用变频器具有更强的过载能力，有更高的稳定性和更快的响应速度，且抗干扰性强。具有隔离双通道模拟输入，提供电压型或电流型分离变量的加权比例控制，控制灵活。具有模拟量输入/输出补偿的电流补偿功能，可提供丰富多样的补偿方法和补偿参数。

(4) 其他专用变频器

如电梯专用变频器、能量可回馈变频器、地铁机车变频器、络纱机专用变频器等。

三、变频器的应用

变频调速已被公认为最理想、最有发展前途的调速方式之一，它主要应用在以下几个方面。

1. 电动机调速

电动机调速可分为节能调速、工艺调速、牵引调速和特种调速。

(1) 节能调速

节能调速几乎用在所有的行业中，风机和泵类通用机械都由交流电动机拖动，它的用电量占全国总电量的 1/3 左右。过去这类电动机都直接接入电网，不能实现调速，由于选择设备时都按最大流量加裕量选取，实际中又不需要这么大，只好采用挡板和阀门来调节，这样，就使得能量以风门、挡板的节流损失消耗掉了，浪费了大量电能。采用变频调速后，通过改变电动机转速来调节流量，一般可节能 30%～60%。除节能外，通过调速还能实现工艺优化，带来最大效益。随着变频器价格的降低，投资回收期逐渐缩短，因此越来越多的设备改用变频调速。这类调速的特点是对调速性能要求不高，调速范围小。

(2) 工艺调速（速度控制）

工艺调速用于许多机械，由于工艺需要，要求电动机调速运行。如纺织印染、化纤、塑料薄膜、胶片等行业。过去由于交流电动机调速困难，都采用直流电动机调速。直流电动机结构复杂、体积大、维护困难，因此随着变频调速技术的日趋成熟，直流调速逐渐被变频调速取代。这类调速装置的数量不能和节能调速相比，但对调速性能有一定的要求，往往需要进行矢量控制或直接转矩控制。另外为了满足各种工艺要求，变频器中都需要装设一定数量的可自由编程的调节控制功能块或专门的工艺控制可选附件。目前，我国的设备控制水平与发达国家相比还比较低，制造工艺和效率都不高，因此提高设备控制水平至关重要。由于变频调速具有调速范围广、调速精度高、动态响应好等优点，在许多需要精确速度控制的应用中，变频器正在发挥着提升工艺质量和生产效率的显著作用。以纺织行业为例，我国具有世界最大的纺织产品生产能力，市场范围遍及全球，产业规模庞大，纺织与化纤行业是变频器应用最多、使用密度最高的行业。在最常见的化纤机械设备中，选用变频器的设备有螺杆挤出机、纺机和后加工机等；选用变频器较多的棉纺设备主要有细纱机、精纱机、精梳机等。这些设备都要求精确速度控制、多单元同步传动或比例同步（牵伸）传动等，应用变频器可以提高工艺要求、提升产品质量，同时减轻了人工的劳动强度、提高了生产效率。可以说，变频器是纺织行业增强国际竞争能力的重要装备。

（3）牵引调速

牵引调速用于运输机械，例如电力机车、轻轨及工程和军事车辆的电驱动。这类驱动过去也多采用直流调速，现在正逐步改为变频调速。与前两种调速用通用变频器不同，这类调速装置由于工作环境恶劣（电压波动、振动、海拔及环境温度范围大等），对产品耐电压波动、结构、冷却等方面都有特殊要求。另一方面牵引负载要求恒功率调速范围宽，相应要求变频器的弱磁调速段要宽，所以牵引调速用的变频器多为专用变频器。有些车辆的电源采用蓄电池，因此对电动机和变频器的重量和效率提出了更高的要求，并且出现了许多电动机和变频器一体化设计的方案，电动机也多采用永磁电动机。

（4）特种调速

在某些应用场合，对调速精度、调速范围有特殊要求，例如要求极高速度（10^4 r/min 以上）、极宽的调速范围（1.5×10^4或更宽）等，为满足这些要求，电动机和变频器都是特制的。

2. 绿色发电

绿色发电即利用风力、水力及太阳能发电，在环境问题日益突出的今天，这类发电受到越来越多的关注，其发展非常迅速。通常的风力和水力发电都基于恒速发电，发电机采用同步电机，转子采用直流励磁，发出 50Hz 的交流电。此即为变速发电，它既简化了调速机构，又提高了效率。如果巨型水力发电机也采用该技术，还可以在发电机负荷出现冲击时，通过适当降低转速，把水轮机和发电机的机械能转化成电能，提高供电稳定性。变速发电使用的技术与双馈调速技术基本相同，只是工作在不同象限，它们已在风力和水力发电中得到广泛应用。太阳能发电利用光电器件把太阳能转换成电能。由于光电器件发出的是直流电，要把电能送至电网或用电设备，必须加入直-交逆变器。

3. 变频电源

变频器除了与电动机配合使用外，还常常单独作电源使用。例如不间断电源（UPS）、50Hz/60Hz 和 50Hz/400Hz 变频电源，以及车辆和舰船上使用的直-交逆变电源等。

变频器产生的最初用途是速度控制，但目前在国内应用较多的是节能。应用变频调速，可以大大提高电动机转速的控制精度，使电动机在最节能的转速下运行。以风机、水泵为例，根据液体力学原理，轴功率与转速的二次方成正比。当所需风量减少，风机转速降低时，其功率按转速的二次方下降。因此，精确调速的节电效果非常可观。与此类似，许多变动负载电动机一般按最大需求来生产电动机的容量，所以设计容量偏大。而在实际运行中，轻载运行的时间所占比例却非常高，如采用变频调速，可大大提高轻载运行时的工作效率。因此，变动负载的节能潜力巨大。

任务实施

一、变频器的外观与结构认识

查看变频器铭牌，并根据铭牌填写表 1-1。

表 1-1　西门子 MM440 变频器的铭牌数据

序号	项目	内容	序号	项目	内容
1	生产厂家		5	容量	
2	型号		6	额定输入电流	
3	输入电压相数		7	额定输出电流	
4	输入电压等级				

二、外围电路认识

变频器不能单独运行，必须选择正确的外部设备并连接，不正确的系统配置和连接会导致变频器不能正常运行，显著地降低变频器的寿命甚至损坏变频器。MM440 变频器（外形尺寸 A～F）外围线路连接如图 1-2 所示。

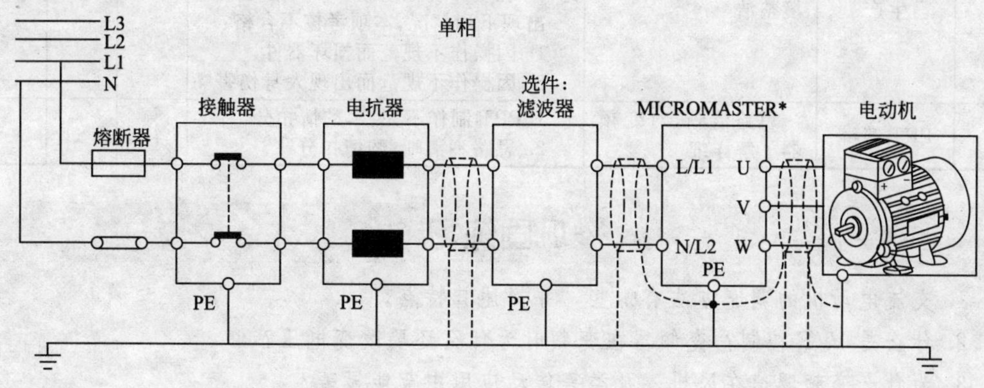

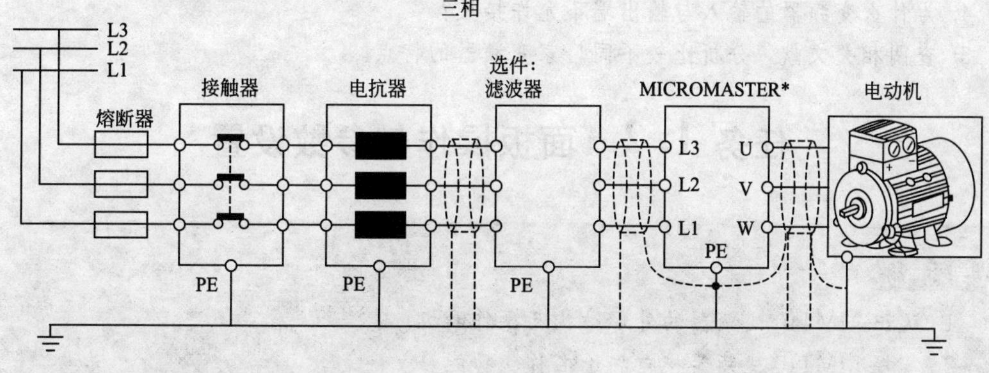

* 带有或不带滤波器

图 1-2　MM440 变频器的外围线路连接

查阅资料，说明图 1-2 中各器件在电路中的功能和作用，填写表 1-2。

表 1-2　典型外围器件功能

序号	器件名称	功能和作用	序号	器件名称	功能和作用

任务评价

任务实施结束后，要求每位学生制作介绍某一品牌变频器的 PPT，现场介绍。任务评价考核内容如表 1-3 所示。

表 1-3 任务评价表

序号	考核内容	考核要求	评价标准	配分	扣分	得分
1	表格填写	能正确填写表 1-1、表 1-2 中各项内容	1. 每错一处扣 5 分 2. 填写不完善，酌情扣 5～15 分	40		
2	安全文明生产	操作安全规范、环境整洁	出现下列情况时扣分： 1. 工具摆放不正确 2. 完成任务后现场未整齐 3. 现场环境卫生差 出现下列情况，本项考核不合格： 1. 因操作不规范而损坏器件 2. 因操作不规范而出现人身伤害	20		
3	PPT 答辩	思路清晰，对变频器了解详细	1. PPT 制作不完善，酌情扣分 2. 思路不清晰，酌情扣分	40		

巩固练习

1. 交流电动机的调速方法有哪些，并简述其特点。
2. 什么是 V/F 控制？变频器在变频时为什么还要改变电压？
3. 为什么变频调速在风机、泵类等传动应用中节能显著？
4. 为什么变频器的输入与输出端不允许接反？
5. 查阅相关文献，分析比较不同厂家变频器的特点。

任务 1.2 面板操作与参数设置

学习目标

1. 认识 MM440 变频器的外形结构及操作面板。
2. 掌握 MM440 变频器接口端子名称、功能。
3. 掌握用状态显示屏（SDP）操作变频器的方法。
4. 掌握基本操作面板（BOP）各按键功能，熟悉变频器参数设置方法。
5. 会阅读相关变频器的产品使用手册。
6. 根据 5S 现场管理要求，养成良好的工作习惯和职业素养。

任务要求

1. 用基本操作面板（BOP）修改参数设定值。
2. 用 BOP/AOP 进行基本操作。

相关知识

一、MICROMASTER4 系列变频器概述

西门子 MICROMASTER4（简称 MM4）系列变频器功能强大、应用广泛，是全新一代可以广泛应用的多功能标准变频器。它有 MM410、MM420、MM430 和 MM440 等多个型号。其中国内应用最多的是 MM420 通用型、MM430 风机和水泵型、MM440 矢量型变频器。

MM4 系列变频器采用高性能的 V/F 控制或矢量控制技术，提供低速高转矩输出，具有良好的动态特性，同时具备超强的过载能力，其创新的 BiCo（内部功能互联）功能灵活性很高。

1. MM410 变频器——廉价型

MM410 变频器的供电电源为单相交流，功率范围只有 0.12～0.75kW。适合用于各种变速驱动装置，尤其适合用于水泵、风机和各种工业部门的驱动装置，例如食品和饮料工业、纺织工业、包装工业。这种变频器还适用于传动链的驱动，例如工厂大门和车库大门的传动链，以及可转动广告牌的通用驱动装置等。

在 MICROMASTER4 系列产品中，MM410 是功率较小、费用低廉的理想变频器。其特点是设备性能面向用户的需求，而且使用简便。其外观如图 1-3 所示。

图 1-3　MM410 系列变频器

2. MM 420 变频器——通用型

MM420 变频器的供电电源为单相/三相交流，功率范围为 0.12～11kW。此外还具有现场总线接口的选件，适合用于各种变速驱动装置，尤其适合用于水泵、风机和传送带系统的驱动装置。它的特点是设备性能面向用户的需求，并且使用方便。其外观如图 1-4 所示。

图 1-4　MM420 系列变频器

3. MM430 变频器——风机和水泵专用型

MM430 变频器供电电源为三相交流，功率范围为 7.5～90.0kW（变转矩）。其具有优化的操作面板（OP）（可以实现手动/自动切换）和用于特定控制功能的软件，以及优

化的运行效率（节能运行）。MM 430 变频器适合用于各种变速驱动装置，由于其灵活性可以在广泛的领域得到应用。这种变频器尤其适合用于工业部门的风机和水泵。与MM420 变频器相比，这种变频器具有更多的输入和输出端，还具有经过优化的带有手动/自动切换功能的操作面板，以及自适应功能的软件。其外观如图 1-5 所示。

图 1-5 MM430 系列变频器

4. MM440 变频器——适用于一切传动装置

MM440 变频器供电电源为单相/三相交流，功率范围为 0.12～250kW。其具有高级的矢量控制功能（带有或不带编码器反馈），适用于各种变速驱动装置。由于它具有高度的灵活性，因而可以在广泛的领域得到应用。它尤其适合用于吊车和起重系统、立体仓储系统，食品、饮料和烟草工业以及包装工业的定位系统。这些应用对象要求变频器具有比常规应用更高的技术性能和更快的动态响应。其外观如图 1-6 所示。

MM4 系列各个型号的变频器操作控制相同、参数设置方式一致、通信方式兼容，因此本书选用应用领域广泛的 MM440 变频器进行重点介绍。

二、西门子 MM440 系列变频器

1. 概述

MM440 是用于控制三相交流电动机速度的变频器系列。本系列有多种型号，额定功率范围从 120W 到 200kW［恒定转矩（CT）控制方式］，甚至可达 250kW［可变转矩（VT）控制方式］。

本变频器由微处理器控制，并采用具有现代先进技术水平的绝缘栅双极型晶体管（IGBT）作为功率输出器件，具有很高的运行可靠性和功能的多样性。其脉冲宽度调制的开关频率是可选的，因而降低了电动机运行的噪声。全面而完善的保护功能为变频器和电动机提供了良好的保护。

MM440 具有默认的工厂设置参数，它是给数量众多的简单的电动机控制系统供电的理想变频驱动装置。由于 MM440 具有全面而完善的控制功能，在设置相关参数以后，它

图 1-6　MM440 系列变频器

也可用于更高级的电动机控制系统。

MM440 既可用于单机驱动系统，也可集成到自动化系统中。

2. 特点

(1) 主要特性

- 易于安装。
- 易于调试。
- 牢固的 EMC 设计。
- 可由 IT（中性点不接地）电源供电。
- 对控制信号的响应快速和可重复。
- 参数设置的范围很广，确保它可对广泛的应用对象进行配置。
- 电缆连接简便。
- 具有多个继电器输出。
- 具有多个模拟量输出（0～20mA）。
- 6 个带隔离的数字输入，并可切换为 NPN/PNP 接线。
- 2 个模拟输入：

AIN1：0～10V，0～20mA 和－10～＋10V；

AIN2：0～10V，0～20mA。

- 2 个模拟输入可以作为第 7 和第 8 个数字输入。
- BiCo（二进制互联连接）技术。
- 采用模块化设计，配置非常灵活。
- 脉宽调制的频率高，因而电动机运行的噪声低。
- 详细的变频器状态信息和信息集成功能。

• 有多种可选件供用户选用：用于与 PC 通信的通信模块，基本操作面板（BOP），高级操作面板（AOP），用于进行现场总线通信的 PROFIBUS 通信模块。

（2）性能特征

• 矢量控制：无传感器矢量控制（SLVC）；带编码器的矢量控制（VC）。

• V/F 控制：磁通电流控制（FCC），改善了动态响应和电动机的控制特性；多点 V/F 特性。

• 快速电流限制（FCL）功能，实现正常状态下的无跳闸运行。

• 内置的直流注入制动。

• 复合制动功能改善了制动特性。

• 内置的制动单元（仅限外形尺寸为 A～F 的 MM440 变频器）。

• 加速/减速斜坡特性具有可编程的平滑功能：起始和结束段带平滑圆弧；起始和结束段不带平滑圆弧。

• 具有比例、积分和微分（PID）控制功能的闭环控制。

• 各组参数的设定值可以相互切换：电动机数据组（DDS）；命令数据组和设定值信号源（CDS）。

• 自由功能块。

• 动力制动的缓冲功能。

• 定位控制的斜坡下降曲线。

（3）保护特性

• 过电压/欠电压保护。

• 变频器过热保护。

• 接地故障保护。

• 短路保护。

• I^2t 电动机过热保护。

• PTC 电动机保护。

3. MM440 变频器的技术规格

在选择使用 MM440 变频器时，必须首先了解其技术规格。表 1-4 列出了 MM440 变频器的大部分技术规格，详细内容可参见 MM440 变频器手册。

表 1-4 MM440 变频器的额定性能参数

特 性	技 术 规 格
电源电压和功率范围	200～240V±10% 单相，CT：0.12～3.0kW 200～240V±10% 三相，CT：0.12～45kW VT：5.5～45kW 380～480V±10% 三相，CT：0.37～200kW VT：7.5～250kW 500～600V±10% 三相，CT：0.75～75kW VT：1.5～90kW
输入频率	47～63Hz
输出频率	0～650Hz
功率因数	0.98

续表

特　性	技 术 规 格
变频器效率	外形尺寸 A～F:96%～97%
过载能力	在额定电流基础上过载 50%,持续时间 60s,间隔周期时间 300s; 过载 100%,持续时间 3s,间隔周期时间 300s
合闸冲击电流	小于额定输入电流
控制方法	线性 V/F 控制;带磁通电流控制(FCC)的线性 V/F 控制,平方 V/F 控制;多点 V/F 控制;适用于纺织工业的 V/F 控制;适用于纺织工业的带 FCC 功能的 V/F 控制;带独立电压设定值的 V/F 控制;无传感器矢量控制;无传感器矢量转矩控制;带编码器反馈的速度控制;带编码器反馈的转矩控制
脉冲调制频率	外形尺寸 A～F:2～16kHz(每级调整 2kHz)
固定频率	15 个,可编程
跳转频率	4 个,可编程
设定值的分辨率	0.01Hz 数字输入;0.01Hz 串行通信输入;10 位二进制的模拟输入(电动电位计 0.1Hz[0.1%(PID 方式)])
数字输入	6 个可编程的输入(电气隔离),可切换为高电平/低电平有效(PNP/NPN)
模拟输入	2 个,用于频率设定值输入或 PI 反馈信号,可标定或用作第 7 和第 8 个数字输入
继电器输出	3 个,可编程,30V DC/5A(电阻性负载),250V AC/2A(电感性负载)
模拟输出	2 个,可编程(0～20mA)
串行接口	RS-485,选件 RS-232
电磁兼容性	外形尺寸 A～F:变频器带有内置的 A 级滤波器
制动	直流注入制动,复合制动
防护等级	IP20
温度范围	外形尺寸 A～F:－10～＋50℃(CT) －10～＋40℃(VT)
存放温度	－40～＋70℃
相对湿度	＜95%,无结露
工作地区的海拔高度	外形尺寸 A～F:海拔 1000m 以下不需要降低额定值运行
保护特征	欠电压,过电压,过负载,接地,短路,电动机失步,电动机锁定保护,电动机过温,变频器过温,参数联锁
标准	外形尺寸 A～F:UL,cUL,CE,C-tick
CE 标记	符合 EC 低电压规范 73/23/EEC 和电磁兼容性规范 89/336/EEC 的要求

三、MM440 变频器的接线原理图

MM440 变频器的电路分两大部分：一部分是完成电能转换（整流、逆变）的主电路；另一部分是处理信息的收集、变换和传输的控制电路。其接线图如图 1-7 所示。

(1) 主电路

主电路是由电源输入单相或三相恒压恒频的正弦交流电压，经整流电路转换成恒定的直流电压，供给逆变电路。逆变电路在 CPU 的控制下，将恒定的直流电压逆变成电压和频率均可调的三相交流电供给电动机负载。MM440 变频器的直流环节是通过电容进行滤波的，因此属于电压型交-直-交变频器。

(2) 控制电路

控制电路是由 CPU、模拟输入、模拟输出、数字输入、输出继电器触头、操作板等组成。图 1-7 中的各接线端子说明如下。

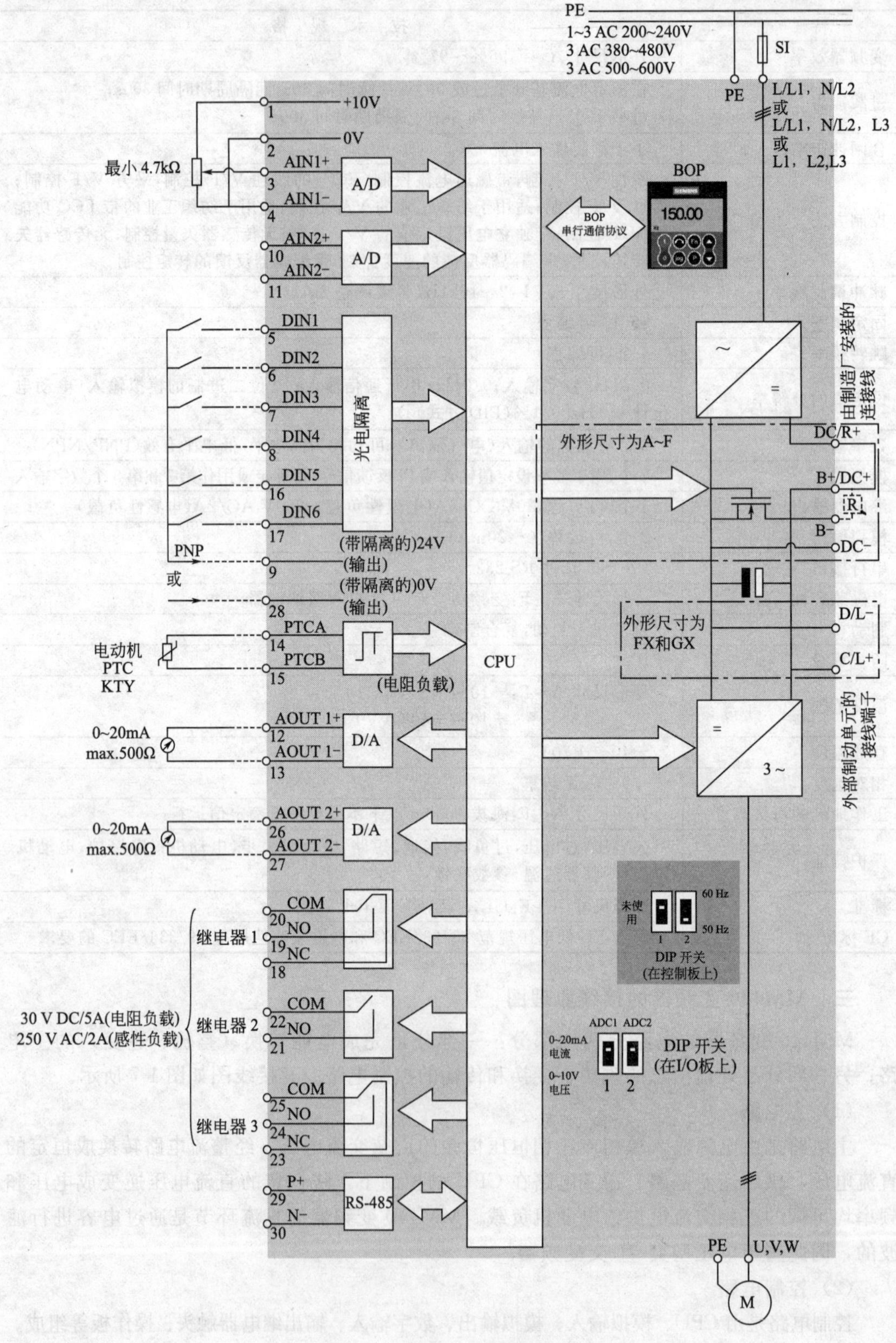

图 1-7 MM440 变频器接线图

端子 1、2：变频器为用户提供的一个高精度的 10V 直流稳压电源。当采用模拟电压信号输入方式输入给定频率时，为了提高交流变频调速系统的控制精度，必须配备一个高精度的直流稳压电源作为模拟电压输入的直流电源。

模拟输入端子 3、4 和 10、11：一对模拟电压给定输入端，为用户提供频率给定信号，经变频器内模/数转换器，将模拟量转换成数字量，传输给 CPU 来控制系统。

数字输入端子 5、6、7、8、16、17：为 6 个完全可编程的数字输入端，数字输入信号经光耦隔离输入 CPU，对电动机进行正反转、正反向点动、固定频率设定值控制等。

端子 9、28：24V 直流电源端，为变频器的控制电路提供 24V 直流电源。

输出端子 18～25：为三组输出继电器触头对应端子。

输出端子 12、13 和 26、27：为两对模拟输出端。

输入端子 14、15：电动机温度保护。

输入端子 29、30：RS-485（USS 协议）端。

四、MM440 变频器的调试与操作

MM440 变频器在标准供货方式时装有状态显示板（SDP），对于很多用户来说，利用 SDP 和制造厂的默认设置值，就可以使变频器成功地投入运行。如果工厂的默认设置值不适合用户的设备情况，用户可以利用基本操作板（BOP）或高级操作板（AOP）修改参数，使之匹配起来。BOP 和 AOP 是作为可选件供货的。用户也可以用 PC IBN 工具 Drive Monitor 或 STARTER 来调整工厂的设置值。相关的软件在随变频器供货的 CD ROM 中可以找到。MM440 变频器的操作面板如图 1-8 所示。

SDP
状态显示板

BOP
基本操作板

AOP
高级操作板

图 1-8　MM440 变频器的操作面板

默认的电源频率设置值（工厂设置值）可以用 DIP 开关加以改变。共有两个开关：DIP 开关 1 和 DIP 开关 2，如图 1-9 所示。变频器交货时的设置情况如下。

① DIP 开关 2：OFF 位置，用于欧洲地区，默认值 50Hz，功率单位为 kW；ON 位置，用于北美地区，默认值 60Hz，功率单位为 hp。

② DIP 开关 1：不供用户使用。

1. 用状态显示板（SDP）调试和操作

状态显示板（SDP）如图 1-10 所示。SDP 上有两个 LED 指示灯，用于显示变频器当前的运行状态，其运行状态如表 1-5 所示。

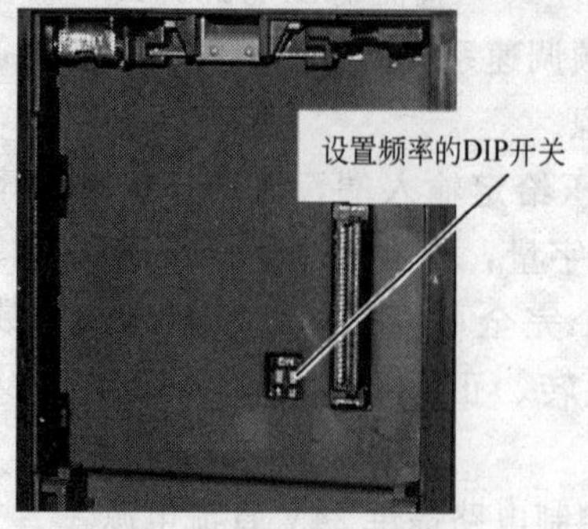

图 1-9　DIP 开关

图 1-10　状态显示板

表 1-5　变频器运行状态指示

LED 指示灯状态		变频器运行状态
绿色指示灯	黄色指示灯	
OFF	OFF	电源未接通
ON	ON	运行准备就绪，等待投入运行
ON	OFF	变频器正在运行

SDP 上有两个 LED 指示灯还可指示故障信息，详细内容可参考 MM440 变频器手册中的相关内容。

采用 SDP 时，变频器的预设定值必须与下列电动机数据兼容：

- 电动机额定功率；
- 电动机电压；
- 电动机额定电流；
- 电动机额定频率。

此外，变频器必须满足以下条件：

① 线性 V/F 电动机速度控制，模拟电位计输入。

② 50Hz 供电电源时，最大速度 3000r/min（60Hz 供电电源时为 3600r/min）；可以通过变频器的模拟输入电位计进行控制。

③ 斜坡上加速时间/斜坡下降时间＝10s。

采用 SDP 进行操作时，变频器的工厂默认设置值如表 1-6 所示。

表 1-6　用 SDP 操作时变频器的工厂默认设置值

输入	端子号	参数的设置值	默认的操作
数字输入 1	5	P0701＝'1'	ON，正向运行
数字输入 2	6	P0702＝'12'	反向运行
数字输入 3	7	P0703＝'9'	故障复位
数字输入 4	8	P0704＝'15'	固定频率
数字输入 5	16	P0705＝'15'	固定频率
数字输入 6	17	P0706＝'15'	固定频率
数字输入 7	经由 AIN1	P0707＝'0'	不激活
数字输入 8	经由 AIN2	P0708＝'0'	不激活

使用变频器上装设的 SDP 可进行以下操作：

- 启动和停止电动机；
- 电动机反向；
- 故障复位。

按图 1-11 所示的端子连接模拟输入信号，即可实现对电动机速度的控制。

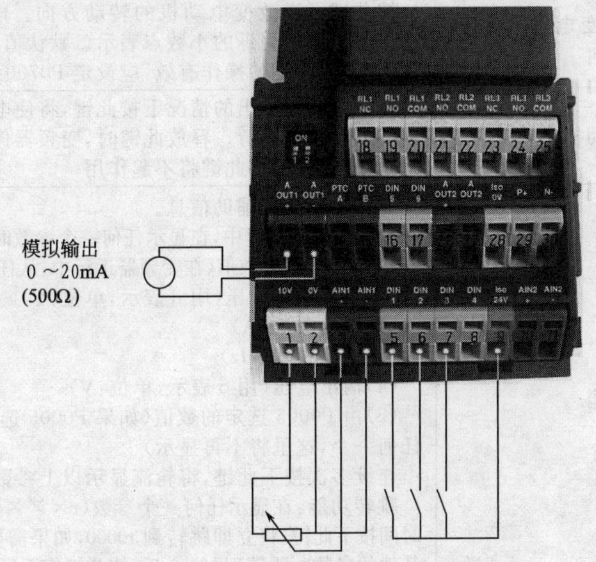

图 1-11　用 SDP 进行基本操作的接线图

2. 用基本操作面板（BOP）操作

基本操作面板（BOP）如图 1-12 所示。用基本操作面板（BOP）可以改变变频器的各个参数。为了利用 BOP 设定参数，必须首先拆下 SDP，并装上 BOP。

图 1-12　基本操作面板

BOP 具有 7 段显示的 5 位数字，可以显示参数的序号和数值、报警和故障信息，以及设定值和实际值。BOP 不能存储参数信息。

(1) 基本操作面板（BOP）上的按钮及其功能

基本操作面板（BOP）上的按钮及其功能说明如表 1-7 所示。

表 1-8 所示为用 BOP 操作时的工厂默认设置值。

表 1-7　基本操作面板（BOP）上的按钮及其功能

显示/按钮	功能	功能说明
r0000	状态显示	LCD 显示变频器当前的设定值
I	启动变频器	按此键启动变频器。默认值运行时此键是被封锁的，为了使此键的操作有效，应设定 P0700＝1

续表

显示/按钮	功能	功能说明
0	停止变频器	OFF1：按此键，变频器将按选定的斜坡下降速率减速停车。默认值运行时此键被封锁，为了允许此键操作，应设定 P0700＝1。 OFF2：按此键两次（或一次，但时间较长），电动机将在惯性作用下自由停车。此功能总是使能的
（换向键）	改变电动机的转动方向	按此键可以改变电动机的转动方向。电动机的反向用负号（－）表示或用闪烁的小数点表示。默认值运行时此键是被封锁的，为了使此键的操作有效，应设定 P0700＝1
jog	电动机点动	在变频器无输出的情况下按此键，将使电动机启动，并按预设定的点动频率运行。释放此键时，变频器停车。如果变频器/电动机正在运行，按此键将不起作用
Fn	功能	此键用于浏览辅助信息。 变频器运行过程中，在显示任何一个参数时按下此键并保持不动 2s，将显示以下参数值（在变频器运行中，从任何一个参数开始）： (1)直流回路电压（用 d 表示，单位：V） (2)输出电流（A） (3)输出频率（Hz） (4)输出电压（用 o 表示，单位：V） (5)由 P0005 选定的数值（如果 P0005 选择显示上述参数中的任何一个，这里将不再显示） 连续多次按下此键，将轮流显示以上参数。 跳转功能：在显示任何一个参数（r×××× 或 P××××）时短时间按下此键，将立即跳转到 r0000，如果需要的话，可以接着修改其他的参数。跳转到 r0000 后，按此键将返回原来的显示点。 可用于确认故障的发生
P	访问参数	按此键即可访问参数
▲	增加数值	按此键即可增加面板上显示的参数数值
▼	减少数值	按此键即可减少面板上显示的参数数值

表 1-8 用 BOP 操作时的工厂默认设置值

参数	说　明	欧洲（北美）地区默认值
P0100	运行方式，欧洲/北美	50Hz，kW（60Hz，hp）
P0307	功率（电动机额定值）	kW（hp）
P0310	电动机的额定频率	50Hz（60Hz）
P0311	电动机的额定速度	1395（1680）r/min（决定于变量）
P1082	最大电动机频率	50Hz（60Hz）

说明：

① 在默认设置时，用 BOP 控制电动机的功能是被禁止的。如果要用 BOP 进行控制，参数 P0700 应设置为 1，参数 P1000 也应设置为 1。

② 变频器加上电源时，也可以把 BOP 装到变频器上，或从变频器上将 BOP 拆卸下来。

③ 如果 BOP 已经设置为 I/O 控制（P0700＝1），在拆卸 BOP 时，变频器驱动装置将自动停车。

（2）用基本操作面板（BOP）更改参数的数值

表 1-9 和表 1-10 分别以修改参数 P0004 及参数 P0719 的数值为例，说明参数修改的步骤。按照类似方法，可以用 BOP 更改任何一个参数。

表 1-9　修改参数过滤器 P0004

操作步骤	显示结果
1. 按 P 访问参数	r0000
2. 按 ▲ 直到显示出 P0004	P0004
3. 按 P 进入参数数值访问级	0
4. 按 ▲ 或 ▼ 找到所需数值	7
5. 按 P 确认并存储参数数值	P0004

表 1-10　修改命令/设定值源参数 P0719

操作步骤	显示结果
1. 按 P 访问参数	r0000
2. 按 ▲ 直到显示出 P0719	P0719
3. 按 P 进入参数数值访问级	in000
4. 按 P 显示当前设定值	0
5. 按 ▲ 或 ▼ 选择运行所需数值	12
6. 按 P 确认并存储参数数值	P0719
7. 按 ▼ 直到显示出 r0000	r0000
8. 按 P 返回标准的变频器显示	

修改参数的数值时，BOP 有时会显示 P----，表明变频器正忙于处理优先级更高的任务。

(3) 快速修改参数数值

为快速修改参数数值，可配合功能键 Fn 修改显示出的每个数字，操作步骤如下（确信已处于某一参数数值的访问级）：

① 按 Fn，最右边的一个数字闪烁。

② 按 ▲ 或 ▼，修改该位数字的数值。

③ 按 Fn，相邻的下一位数字闪烁。

④ 执行②～④步，直到显示出所要求的数值。

⑤ 按 Fn，退出参数数值的访问级。

3. 用高级操作面板（AOP）操作

高级操作面板（AOP）是可选件，如图 1-13 所示。它具有以下特点：

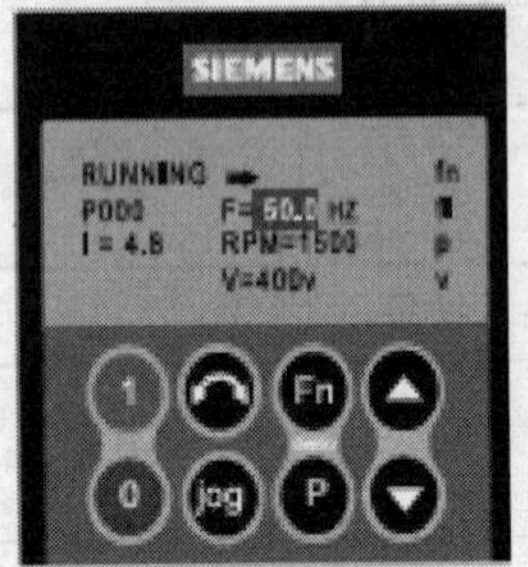

图 1-13　高级操作面板

① 清晰的多种语言文本显示。

② 多组参数的上装和下载功能。

③ 可通过 PC 编程。

④ 具有连接多个站点的能力，最多可以连接 30 台变频器。

详细的情况可参看 AOP 手册或与用户当地的西门子销售部门联系，取得其帮助。

4. BOP 和 AOP 的调试功能

快速流程如下：

① 设置 P0010＝1 开始快速调试。

② P0100 选择工作地区是欧洲/北美。

＝0 功率单位为 kW，频率默认值为 50Hz；

＝1 功率单位为 hp，频率默认值为 60Hz；

＝2 功率单位为 kW，频率默认值为 60Hz。

注：P0100 的设定值 0 和 1 应该用 DIP 开关来更改，使其设定的值固定不变。

③ 设置电动机参数 P0304～P0311（有关数值参看电动机铭牌）。

④ 设置 P3900 结束快速调试。

⑤ 设置 P0010＝0，进入准备运行状态。

说明：如果调试结束后选定 P3900＝1，那么，P0010 将自动回零。

五、变频器参数结构及表示方法

MM440 有两种参数类型：以字母 P 开头的参数为用户可改动的参数；以字母 r 开头的参数表示本参数为只读参数。

所有参数分成命令参数组（CDS）以及与电动机、负载相关的驱动参数组（DDS）两大类。每个参数组又分为三组。其结构如图 1-14 所示。

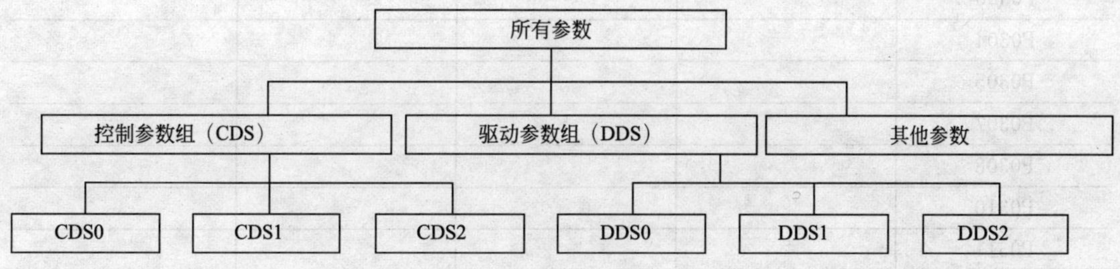

图 1-14　MM440 变频器参数结构

默认状态下使用的当前参数组是第 0 组参数，即 CDS0 和 DDS0。本文后面如果没有特殊说明，所访问的参数都是指当前参数组。

举例来说，P1000 的第 0 组参数，在 BOP 上显示为 in000，书中常写作 P1000.0、P1000［0］或者 P1000in000 等形式。在本书中，为简化起见，均以 P1000 的形式表示 P1000 的第 0 组参数。

MM440 系列变频器是德国西门子公司广泛应用于工业场合的多功能标准变频器。它采用高性能的矢量控制技术，提供低速高转矩输出和良好的动态特性，同时具备超强的过载能力，以满足各种应用场合的需要。对于变频器的应用，必须首先熟练变频器的面板操作，以及根据实际应用对变频器的各种功能参数进行设置。

任务实施

一、变频器相关参数

查阅 MM440 变频器手册，操作变频器找到相应参数，填写表 1-11。

表 1-11　变频器参数

参数号	参数名称	默认值	设置值	用户访问级
r0200				
P0201				
r0203				
r0204				
r0206				
r0207				
r0208				
P0210				

二、用基本操作面板（BOP）修改电动机参数

查阅 MM440 变频器手册，参照电动机铭牌修改相关数据，并填写表 1-12。

表 1-12 电动机参数

参数号	参数名称	默认值	设置值	用户访问级
P0300				
P0304				
P0305				
P0307				
P0308				
P0310				
P0311				

三、用 BOP/AOP 进行基本操作

利用 BOP/AOP 设置参数，并操作面板上按钮控制电动机的调速运行。

1. 参数设置

(1) 快速调试参数 P0010＝1。

(2) 设置电动机参数 P0304～P0311（见表 1-12）。

(3) 设置控制参数：

① 选择命令源参数 P0700＝1。使能 BOP 操作板上的启动/停止按钮。

② 选择频率设定值参数 P1000＝1。使能电动电位计的设定值。

说明：除非 P0010＝1（工厂的默认设置）和 P0004＝0 或 3，否则是不能更改电动机参数的。

2. 用 BOP 控制电动机调速运行

(1) 按下绿色启动按钮 I，启动电动机。

(2) 按下功能键 Fn 保持不动 2s，使 BOP 显示输出频率参数。重复按下功能键 Fn 将轮流显示以下参数：

① 直流回路电压（V）。

② 输出电流（A）。

③ 输出电压（V）。

④ 输出频率（Hz）。

(3) 按下“数值增加”按钮 ▲，电动机转动，使其速度逐渐增加到 50Hz。

(4) 当变频器的输出频率达到 50Hz 时，按下“数值降低”按钮 ▼，电动机的速度及其显示值逐渐下降。

(5) 用按钮 ⟲，改变电动机的转动方向。

(6) 按下红色停止按钮 O，电动机停车。

任务评价

任务评价见表 1-13。

表 1-13　任务评价表

序号	考核内容	考核要求	评价标准	配分	扣分	得分
1	表格填写	正确修改参数并完整填写表 1-11、表 1-12 中各项内容	1. 每错一处扣 5 分 2. 填写不完善,酌情扣 5～10 分	30		
2	参数设置	能根据任务要求正确设置变频器参数	1. 参数设置不全,每处扣 5 分 2. 参数设置错误,每处扣 5 分	30		
3	操作、调试	操作、调试过程正确	1. 变频器操作错误,扣 10 分 2. 调试失败,扣 20 分	20		
4	安全文明生产	操作安全规范、环境整洁	违反安全文明生产规程,酌情扣分	20		

巩固练习

1. 利用状态显示板（SDP）控制电动机调速运行。
2. 利用基本操作板（BOP）控制电动机调速运行。

项目二　变频器基本功能训练

任务 2.1　变频器控制电动机点动及正反转运行

学习目标

1. 熟悉变频器面板、端子的操作方法。
2. 熟悉变频器的各种频率给定方式。
3. 掌握 MM440 变频器基本参数设置及连线的基本操作技能。
4. 掌握变频器正反转、点动运行操作过程。

任务要求

1. 用基本操作面板（BOP）修改参数设定值。
2. 用变频器面板及外部端子控制电动机正反转、点动运行。
3. 用操作面板设定变频器运行频率。

相关知识

变频器经常用于控制各类机械的正反转及点动运行。例如，运动部件的前进后退、上升下降、进刀回刀等，需要电动机的正反转运行；机械设备的试车或刀具的调整等，需要电动机的点动控制。正反转及点动运行是生产机械最基本的运动方式，因此掌握变频器的正反转及点动运行控制方法是非常实用且必要的。

一、变频器的运转指令方式

变频器的运转指令方式是指控制变频器的基本运行功能的方式，这些功能包括启动、停止、正反转、正反向点动、复位等。

变频器的运转指令方式有操作器键盘控制、端子控制和通信控制三种。这些运转指令方式必须按照实际的需要进行选择设置，同时也可以根据功能进行相互之间的方式切换。

1. 操作器键盘控制

操作器键盘控制是变频器最简单的运转指令方式，用户可以通过变频器的操作器键盘上的运行键、停止键、点动键和复位键来直接控制变频器的运转。

变频器的操作器键盘通常可以通过延长线放置在用户容易操作的 5m 以内的空间。距离较远时则必须使用远程操作器键盘。

变频器按照图 2-1 所示进行线路连接，通过功能预置选择键盘操作方式，接通电源就可通过键盘控制电动机启停、正反转及点动等运行。

2. 端子控制

端子控制是变频器的运转指令通过其外接输入端子从外部输入开关信号来进行控制的方式。此时，按钮、选择开关、继电器、PLC 或 DCS 的继电器模块就替代操作器键盘上的运行键、停止键、点动键和复位键，可以远距离控制变频器的运转。

变频器通过功能预置选择外部端子控制方式，其正转控制线路如图 2-2 所示。

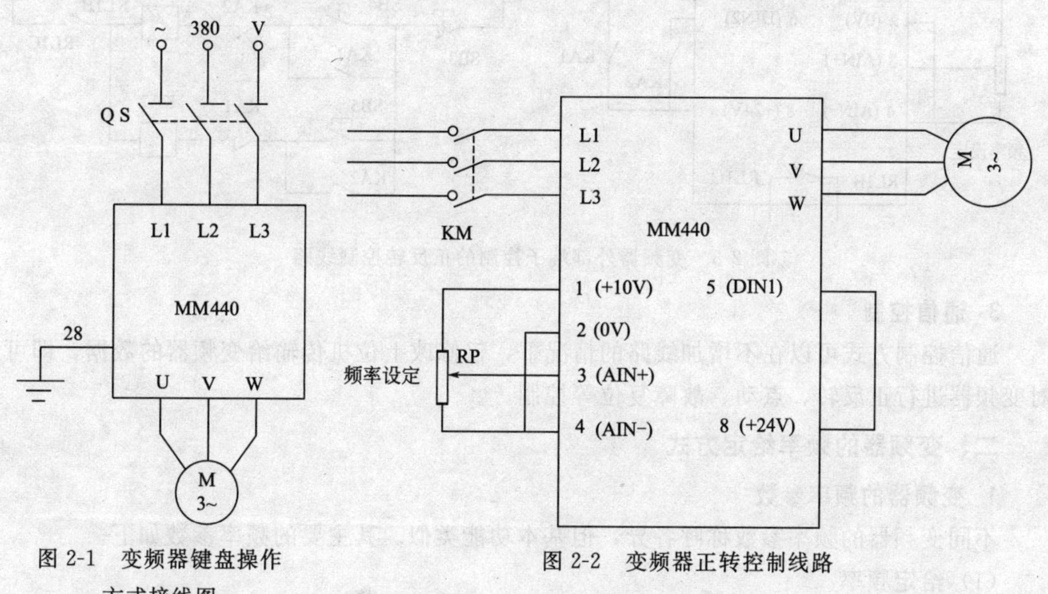

图 2-1 变频器键盘操作方式接线图

图 2-2 变频器正转控制线路

图中正反转输入控制端 5 与公共端 8 相连，当变频器经过接触器 KM 接通电源后，变频器即处于运行状态。若电位器 RP 不处于“0”位，则电动机开始启动并升速。

然而采用这种方式启停电动机存在以下问题。

(1) 电网

变频器在刚接通电源瞬间，有较大的充电电流，如果经常用这种方式启动电动机，将使电网经常受到冲击而形成干扰。

(2) 负载

电源突然断电，变频器立即停止输出，运转中的电动机失去了降速时间，处于自由停止状态，不能按照预置曲线降速，这对于某些运行场合也会造成影响，因此不允许运行中的变频器突然断电。

(3) 变频器内部电路

变频器的逆变电路工作在开关状态，每个 IGBT 大功率开关管都是工作在饱和或截止状态。尽管饱和时通过每只管子的电流很大，但因饱和压降很低，相当于开关闭合，所以管子的功耗不大。如果电路突然断电，电路中所有的电压都同时下降，当管子导通所需要的驱动电压下降到使管子不能处于饱和状态时，就进入了放大状态。由于放大状态的管压降大大增大，管子的耗散功率也成倍增加，可在瞬间将开关管烧坏。虽然变频器在设计时考虑到了这种情况，并采取了保护措施，但在使用中还是应避免突然断电。

通常，变频器外部端子控制的正反转控制线路如图 2-3 所示。

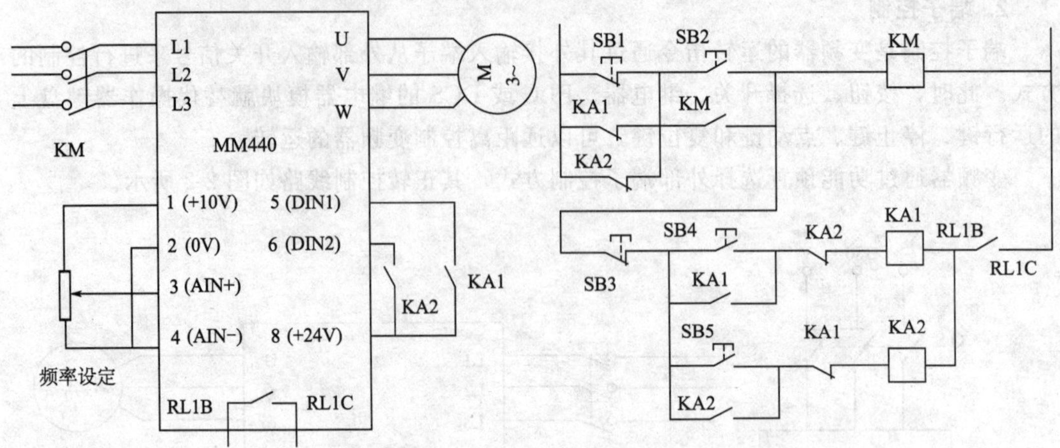

图 2-3 变频器外部端子控制的正反转控制线路

3. 通信控制

通信控制方式可以在不增加线路的情况下，仅修改上位机传输给变频器的数据，即可对变频器进行正反转、点动、故障复位等控制。

二、变频器的频率给定方式

1. 变频器的频率参数

不同变频器的频率参数称呼各异，但基本功能类似。其主要的频率参数如下。

(1) 给定频率

是用户根据生产工艺的需求希望变频器输出的频率。例如，某一变频调速的传送带，空载运行时，可设置给定频率为 40Hz。给定频率可通过变频器的操作面板直接输入，也可以从控制接线端上用外部给定信号（电压或电流）进行调节。

MM440 变频器设置给定频率信号源的参数为 P1000。

(2) 输出频率

即变频器实际输出的频率。当电动机所带负载变化时，为使拖动系统稳定运行，变频器的输出频率会根据系统情况不断调整，因此输出频率是在给定频率附近经常变化的。

MM440 变频器运行时可通过按下功能键或设置参数 P0005，使 LCD 上显示输出频率。

(3) 基准频率

基准频率是变频器在模拟量输入时，设定频率给定线所用的参考频率，是串行链路（相当于 4000H）、模拟 I/O 和 PID 控制器采用的满刻度频率设定值。

MM440 变频器用参数 P2000 设定基准频率，默认值为 50Hz。

(4) 上限频率 f_H 和下限频率 f_L

电动机在一定的场合应用时，其转速应该在一定的范围，超出此范围会造成事故或损失。为了避免由于错误操作造成电动机的转速超出应用范围，变频器具有设置上限频率 f_H 和下限频率 f_L 的功能。当变频器的给定频率高于上限频率 f_H 或是低于下限频率 f_L 时，变频器的输出频率将被限制在 f_H 或 f_L，如图 2-4 所示。

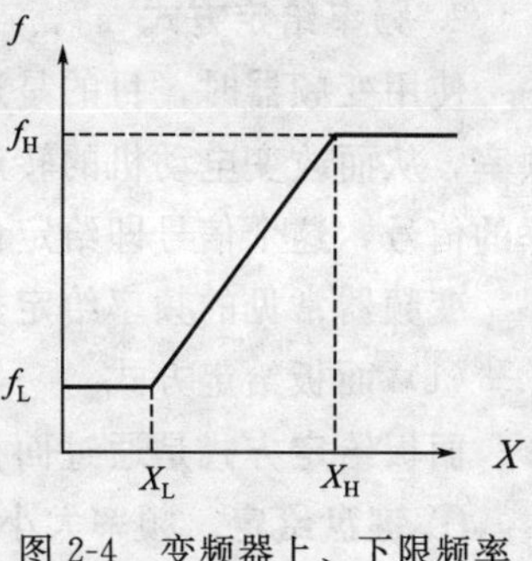

图 2-4　变频器上、下限频率

MM440 变频器的上、下限频率分别用参数 P1080 和 P1082 设定。

(5) 点动频率

点动频率指变频器在点动时的给定频率。生产机械在调试以及每次新的加工过程开始前常需进行点动，以观察整个拖动系统各部分的运转是否良好。为防止意外，大多数点动运转的频率都较低。为方便调试，一般变频器都提供预置点动频率功能。

MM440 变频器的正、反向点动频率分别用参数 P1058、P1059 设定。

(6) 跳跃频率

跳跃频率也叫回避频率，指不允许变频器稳定输出的频率。由于生产机械运转时的振动和转速有关，当电动机调到某一转速时，机械振动的频率和它的固有频率一致时就会发生谐振，此时对机械设备损害很大。为避免机械谐振，应当使拖动系统跳过谐振所对应的转速，而变频器的输出频率就要跳过谐振转速所对应的频率。

变频器在预置跳跃频率时通常采用预置一个跳跃区间，大部分变频器都提供了多个跳跃区间。不同机型设置回避频率的方法有以下几种。

① 设定回避频率的上端和下端频率。

② 设定回避频率值和回避频率的范围。

③ 只设定回避频率，而回避频率的范围由变频器内定。

MM440 变频器最多可设置 4 个跳跃区间，分别由 P1091～P1094 设定跳跃区间的中心点频率，由 P1101 设定跳跃的频带宽度。如图 2-5 所示，如果 P1091＝10Hz，P1101＝2Hz，变频器在 10Hz±2Hz（即 8～12Hz）范围内不可能连续稳定运行，而是跳跃过去。

(7) 载波频率设置

PWM 变频器的输出电压是一系列脉冲，脉冲宽度和间隔均不相等，其大小取决于调制波（基波）和载波（三角波）的交点。因此，电压脉冲序列的频率与载波频率相等，使得电流波形是脉动的，与载波频率一致。脉动电流将使电动机铁芯的硅钢片之间产生电磁力并引起振动，产生电磁噪声。改变载波频率时，电磁噪声的音调也将发生改变。一般变频器都提供了调节载波频率的功能，称为音调调节功能。

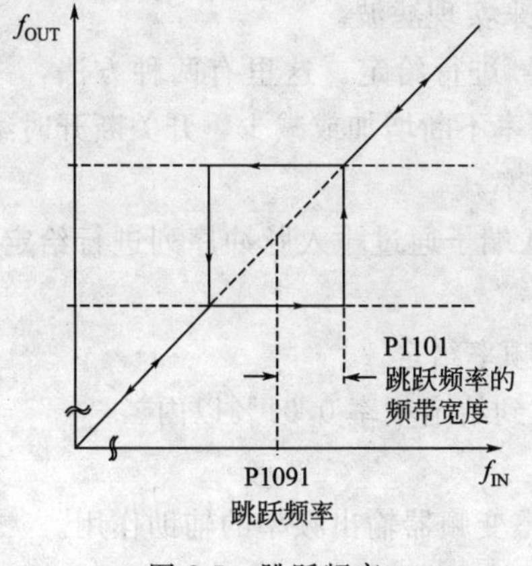

图 2-5　跳跃频率

载波频率越高，一个周期内脉冲的个数越多，也就是脉冲的频率越高，电流波形的平滑性就越好，但会使变频器的平均输出电流变小，对其他设备的干扰也越大。载波频率如果预置不合适，还会引起电动机铁芯的振动而发出噪声。

MM440 变频器的载波频率用参数 P1800 设定，每级可改变 2kHz。不过变频器在出厂时都设置一个较佳的频率，没有必要时可以不作调整。

2. 频率给定方式

使用变频器时，目的是通过改变变频器的输出频率，即改变变频器驱动电动机的供电频率，从而改变电动机的转速。要调节变频器的输出频率，必须首先向变频器提供改变频率的信号，这个信号即给定信号。所谓频率给定方式，就是提供给定信号的方式。

变频器常见的频率给定方式主要有面板给定、外部给定及辅助给定三种。

(1) 面板给定方式

面板给定方式是通过面板上的键盘或电位器进行频率给定的方法。

① 键盘给定。频率大小通过面板上的键盘给定。

② 电位器给定。部分变频器面板上设置了电位器，频率大小可以通过电位器调节。

(2) 外部给定方式

通过外部的模拟量或数字量输入端，将外部给定信号输入变频器。

① 模拟量给定。通过外接端子从变频器外部输入模拟量信号进行给定，并通过调节给定信号的大小来调节变频器的输出频率。模拟量给定信号既可以是电压信号，也可以是电流信号。

- 电压信号。以电压大小作为给定信号。给定信号的范围有 0～10V、2～10V、0～±10V、0～5V、1～5V、0～±5V 等。
- 电流信号。以电流大小作为给定信号。给定信号的范围有 0～20mA、4～20mA 等。

电流信号在传输过程中，不受线路电压降、接触电阻及其压降、杂散的热电效应以及感应噪声等的影响，抗干扰能力较强。而电压信号给定线路简单，当传输距离不远时，仍以选用电压给定方式居多。

- 零信号。在远距离控制中，给定信号的范围常用 1～5V 或 4～20mA，其零信号分别为 1V 或 4mA，即给定信号为“0”。在进行测量时，若电路内还有 1V 或 4mA，说明给定信号电路工作正常。若传感器或信号电路发生故障而根本没有信号，则在进行测量时的信号值为 0V 或 0mA，说明给定电路工作不正常。这种零信号的设计便于电路的检查。

给定信号为模拟量时的频率精度略低，通常为最高频率的±0.2%。为消除干扰信号对频率给定信号的影响，变频器在接收模拟量给定信号时，通常先要进行数字滤波。

MM440 变频器通过设置 P0753（ADC 平滑时间）来实现滤波。

② 数字量给定。通过外接开关量端子输入开关信号进行给定。这里有两种方法，一是把开关做成频率的增大或减小键，开关闭合时给定频率不断增加或减少，开关断开时给定频率保持；二是用开关的组合选择已设定好的固有频率。

③ 脉冲给定。变频器通过功能预置，从指定的输入端子通过输入脉冲序列进行给定，变频器的输出频率和外部输入的脉冲给定频率成正比。

④ 通信给定。由 PLC 或计算机通过通信接口进行频率给定。

以数字量作为给定信号的频率精度很高，一般可达到给定频率 0.01%以内。

(3) 辅助给定方式

辅助给定信号与主给定信号叠加（加或减），起调整变频器输出频率的辅助作用。

变频器在使用中，可由频率控制功能参数来指定上述哪种频率控制方法起作用。这些频率给定方式各有优缺点，必须根据实际需要进行选择设置。

MM440 变频器由参数 P1000（频率设定值的选择）来选择频率设定值的信号源。

三、加减速时间及模式

变频器驱动的电动机采用低频启动，合理设置加减速时间，可以使变频器的频率变化率与电动机转速变化率相协调，有效解决电动机在加速或制动过程中出现的过流和机械冲击问题，又能保持较高的生产效率。通常变频器都可给定加减速时间及加减速方式。

1. 加速时间和减速时间

(1) 定义

其一：变频器输出频率从 0 上升到基本频率 f_b 所需要的时间，称为加速时间；变频器输出频率从基本频率 f_b 下降至 0 所需要的时间，称为减速时间。

其二：变频器输出频率从 0 上升到最高频率 f_{max} 所需要的时间，称为加速时间；变频器输出频率从最高频率 f_{max} 下降至 0 所需要的时间，称为减速时间。

变频器的实际加减速时间与设定的加减速时间不一定相等，与变频器的工作频率有关，如图 2-6 所示。

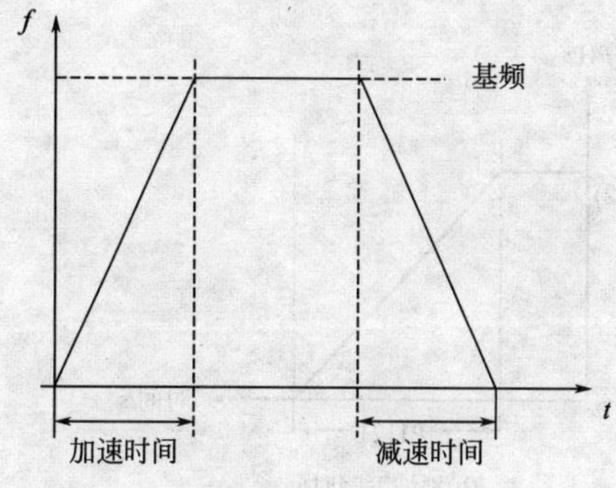

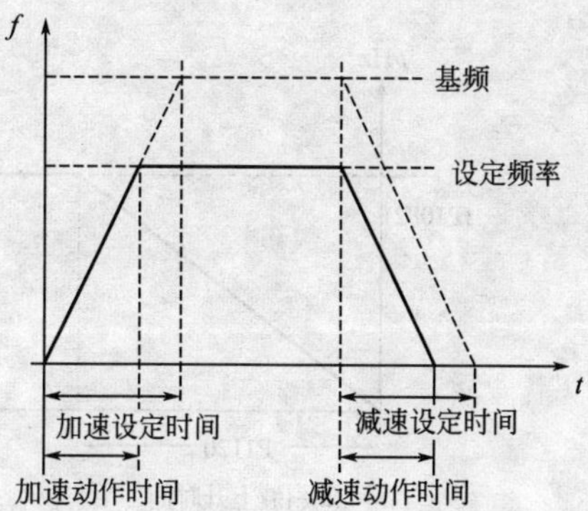

图 2-6 加减速时间曲线

(2) 加减速时间设定的原则

一般变频器都可在一定范围内任意设定加减速时间。加减速时间短，对某些频繁启制动的生产机械来说，可提高生产效率，却容易过流；加减速时间越长，启制动电流就越小，启制动过程也就越平缓，但却延长了拖动系统的过渡过程。

设定加减速时间的基本原则是在电动机的启制动电流不超过允许值的前提下，尽量地缩短加减速时间。通常加减速时间主要取决于其拖动系统，拖动系统惯性越大，加减速时间应越长一些。实际操作中，由于计算非常复杂，可以先将加减速时间设置长一些，观察电流的大小，然后再慢慢缩短时间。有些负载对启制动时间并无要求，如风机和水泵，其加减速时间可适当设置得长一些。

(3) 多种加减速时间设定

为满足不同控制需要，许多变频器还提供了多种加减速时间设定的功能。

2. 加速曲线和减速曲线

(1) 加速曲线

① 线性上升方式。加速过程频率与时间呈线性关系。此方式适用于一般要求的场合。

② S型上升方式。此方式初始阶段加速度较小，中间阶段为线性加速，尾段加速度又逐渐减为零。此方式适用于传送带、电梯等对启动有特殊要求的场合。

③ 半S型上升方式。加速时一半为S型方式，另一半为线性方式。前半段为S型方式，后半段为线性方式，即正半S型的上升方式，适用于大转动惯性负载；而前半段为线性方式，后半段为S型方式的反半S型上升方式，适用于低速时负载较轻的泵类和风机类负载。

(2) 减速曲线

减速曲线也有线性、S型和半S型三种方式，适用场合与加速曲线类似。

(3) 加速和减速曲线的组合

根据不同的机型可分为三种情况：

① 只能预置加减速的方式，S型和半S型曲线的形状由变频器内定，用户不能自由设置。

② 变频器可为用户提供若干种S区供用户选择（如0.2S、0.5S、1S等）。

③ 用户可以在一定的非线性区内设置时间的长短。

MM440变频器设置斜坡加减速时间的参数分别为P1120和P1121，如图2-7所示。

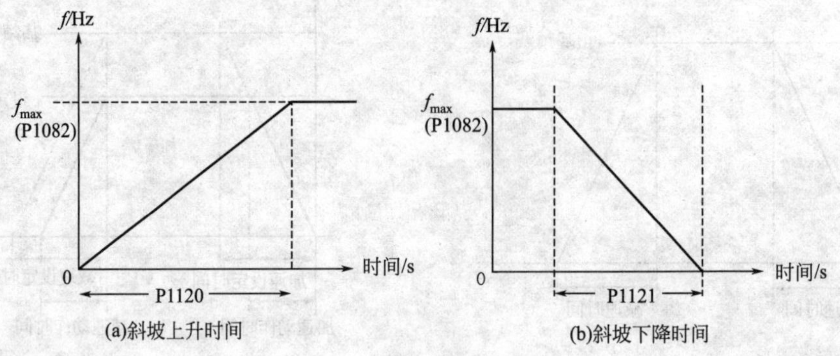

图2-7 斜坡函数曲线

S型方式可以通过设置斜坡曲线的圆弧时间4个参数P1130、P1131、P1132和P1133给定，如图2-8所示。

四、停车和制动功能

1. 变频器的停车功能

变频器停车主要有以下几种方式。

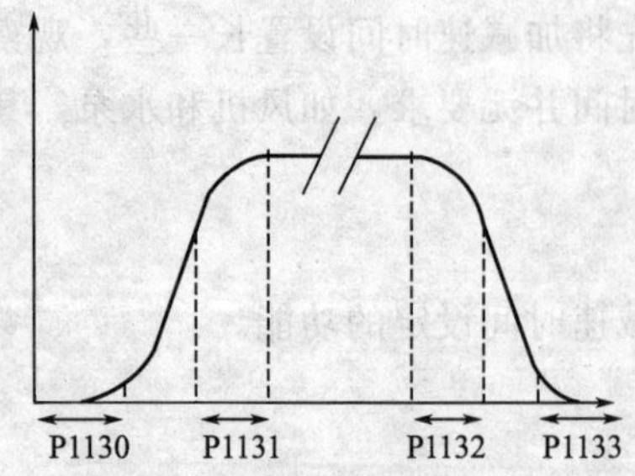

图2-8 带圆弧的斜坡函数曲线

(1) OFF1

OFF1命令（消除"ON"命令而产生的）使变频器按照选定的斜坡下降速率减速并停止转动。

修改斜坡下降时间的参数见P1121。

说明：

① ON命令和后继的OFF1命令必须来自同一信号源。

② 如果ON/OFF1的数字输入命令不止由一个端子输入，那么，只有最后一个设定的数字输入，例如

DIN3，才是有效的。

(2) OFF2

OFF2 命令使电动机依惯性滑行最后停车（脉冲被封锁）。

说明：OFF2 命令可以有一个或几个信号源。OFF2 命令以默认方式设置到 BOP/AOP。即使参数 P0700～P0708 之一定义了其他信号源，这一信号源依然存在。

(3) OFF3

OFF3 命令使电动机快速地减速停车。

在设置了 OFF3 的情况下，为了启动电动机，二进制输入端必须闭合（高电平）。只有 OFF3 为高电平电动机才能启动，并用 OFF1 或 OFF2 方式停车。

如果 OFF3 为低电平，电动机是不能启动的。

斜坡下降时间参看 P1135。

说明：OFF3 可以同时具有直流制动、复合制动功能。

2. 变频器的制动功能

(1) 直流注入制动

直流注入制动可以与 OFF1 和 OFF3 同时使用。向电动机注入直流电流时，电动机将快速停止，并在制动作用结束之前一直保持电动机轴静止不动。但是，直流制动是不能控制电动机速度的，停机时间不受控。此外，使用同步电动机时，不能使用直流制动方式。

说明：如果没有数字输入端设定为直流注入制动，而且 P1233≠0，那么直流制动将在每个 OFF1 命令之后起作用，制动作用的持续时间在 P1233 中设定。

(2) 复合制动

复合制动是将 OFF1 的停机方式与直流制动方式相结合的制动方式，这样既保证了转速受控，同时也实现了快速停机，但注意复合制动不能用于矢量控制。为了进行复合制动，应在交流电流中加入一个直流分量。

设定制动电流参看 P1236。

(3) 用外接制动电阻进行动力制动

用外接制动电阻（外形尺寸为 A～F 的 MM440 变频器采用内置的斩波器）进行制动，是一种能耗制动，它将电动机运行在发电状态下所回馈的能量消耗在制动电阻中，从而达到快速停机的目的。

任务实施

一、变频器基本操作面板（BOP）控制

通过变频器基本操作面板对电动机的正反转和点动进行调速控制，采用键盘给定频率方式，给定频率为 35Hz，加减速时间为 8s，正反向点动运行频率分别设置为 10Hz、5Hz，点动加减速时间均为 5s。

1. 线路连接

(1) 主电路连接

输入端子 L1、L2、L3 接三相电源；输出端子接电动机。

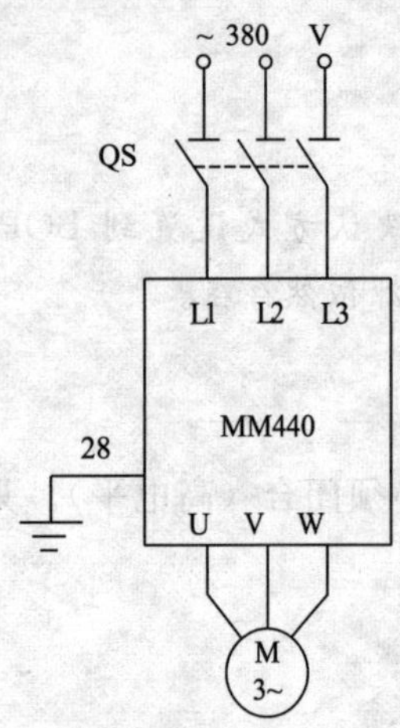

图 2-9 BOP 控制电动机调速运行接线图

(2) 控制电路连接

用变频器面板上的按键操作电动机运行，控制电路不需要连接。

系统线路连接如图 2-9 所示。

2. 相关功能参数设置及含义详解

(1) 用基本操作面板 BOP 设置参数

① 参数复位。设定 P0010＝30 和 P0970＝1，按下 P 键，开始复位，大约需要 10s 才能完成复位的全部过程，复位结束变频器的全部参数将恢复到工厂默认值。

② 设置电动机参数。为了使电动机与变频器相匹配，需要设置电动机参数。电动机选用型号为 WDJ24，电动机参数设置如表 2-1 所示。电动机参数设定完成后，必须设定 P0010＝0，变频器当前处于准备状态，可正常运行。

③ 设置面板操作控制参数。面板操作控制参数如表 2-2 所示。

表 2-1 电动机参数设置

参数号	默认值	设置值	说明
P0003	1	1	设定用户访问级为标准级
P0010	0	1	快速调试
P0100	0	0	功率以 kW 表示，频率为 50Hz
P0304	230	380	电动机额定电压(V)
P0305	3.25	1.05	电动机额定电流(A)
P0307	0.75	0.37	电动机额定功率(kW)
P0310	50	50	电动机额定频率(Hz)
P0311	0	1430	电动机额定转速(r/min)

表 2-2 面板操作控制参数

参数号	默认值	设置值	说明
P0003	1	1	设用户访问级为标准级
P0010	0	0	正确地进行运行命令的初始化
P0004	0	7	命令和数字 I/O
P0700	2	1	由键盘输入设定值(选择命令源)
P0003	1	1	设用户访问级为标准级
P0004	0	10	设定值通道和斜坡函数发生器
P1000	2	1	由键盘(电动电位计)输入设定值
P1080	0	0	电动机运行的最低频率(Hz)
P1082	50	50	电动机运行的最高频率(Hz)

续表

参数号	默认值	设置值	说 明
P0003	1	2	设用户访问级为扩展级
P0004	0	10	设定值通道和斜坡函数发生器
P1040	5	35	设定键盘控制的频率值(Hz)
P1120	10	8	斜坡上升时间(s)
P1121	10	8	斜坡下降时间(s)
P1058	5	10	正向点动频率(Hz)
P1059	5	5	反向点动频率(Hz)
P1060	10	5	点动斜坡上升时间(s)
P1061	10	5	点动斜坡下降时间(s)

(2) 参数含义详解

① 用户访问级 P0003。本参数用于定义用户访问参数组的等级。对于大多数简单的应用对象，采用默认设定值（标准模式）就可以满足要求。

可能的设定值：

0—用户定义的参数表：有关使用方法的详细情况请参看 P0013 的说明；

1—标准级：可以访问最经常使用的一些参数；

2—扩展级：允许扩展访问参数的范围，例如变频器的 I/O 功能；

3—专家级：只供专家使用；

4—维修级：只供授权的维修人员使用，具有密码保护。

② 参数过滤器 P0004。按功能的要求筛选（过滤）出与该功能有关的参数，这样，可以更方便地进行调试。例如，P0004＝2 选定的功能是只能看到变频器参数。

可能的设定值：

0—全部参数；

2—变频器参数；

3—电动机参数；

7—命令，二进制 I/O；

8—ADC（模/数转换）和 DAC（数/模转换)；

10—设定值通道/RFG（斜坡函数发生器)；

12—驱动装置的特征；

13—电动机的控制；

20—通信；

21—报警/警告/监控；

22—工艺参量控制器（例如 PID)。

在访问和设置参数时，P0003 和 P0004 共同限定了所访问和设置的参数范围。

③ 调试参数过滤器 P0010。本设定值对与调试相关的参数进行过滤，只筛选出那些与特定功能组有关的参数。

例如，P0010＝1 时，变频器的调试可以非常快速和方便地完成。这时，只有一些重要的参数（例如 P0304、P0305 等）是可以看得见的，这些参数的数值必须一个一个地输入变频器。

可能的设定值：

0—准备；

1—快速调试；

2—变频器；

29—下载；

30—工厂的默认设定值。

④ 工厂复位 P0970。P0970＝1 时所有的参数都复位到它们的默认值。工厂复位前，必须先使变频器停车（即封锁全部脉冲），设定 P0010＝30。

可能的设定值：

0—禁止复位；

1—参数复位。

⑤ 选择命令源 P0700。选择数字的命令信号源。

可能的设定值：

0—工厂的默认设置；

1—BOP（键盘）设置；

2—由端子排输入；

4—通过 BOP 链路的 USS 设置；

5—通过 COM 链路的 USS 设置；

6—通过 COM 链路的通信板（CB）设置。

注：改变这一参数时，同时也使所选项目的全部设置值复位为工厂的默认设置值。例如，把它的设定值由 1 改为 2 时，所有的数字输入都将复位为默认的设置值。

⑥ 频率设定值的选择 P1000。选择频率设定值的信号源。在可供选择的设定值中，主设定值由最低一位数字（个位数）来选择（即 0～6），而附加设定值由最高一位数字（十位数）来选择（即 x0～x6，其中，x＝1～6）。

可能的设定值：

0—无主设定值；

1—MOP 设定值；

2—模拟设定值；

3—固定频率；

12—模拟设定值＋MOP 设定值；

13—固定频率＋MOP 设定值；

21—MOP 设定值＋模拟设定值；

23—固定频率＋模拟设定值。

P1000 的设定值很多，详见 MM440 变频器手册。

⑦ MOP 的设定值 P1040。确定电动电位计控制（P1000＝1）时的设定值。

⑧ 正向点动频率 P1058、反向点动频率 P1059。选择正、反向点动时，由这两个参数确定变频器正、反向点动运行的频率。

点动操作由 AOP/BOP 的 JOG（点动）按钮控制，或由连接在一个数字输入端的不带闩锁的开关（按下时接通，松开时自动复位）来控制。

⑨ 点动斜坡上升时间 P1060、点动斜坡下降时间 P1061。设定点动运行时的加减速时间。

⑩ 限频率 P1080、下限频率 P1082。设定电动机的最低和最高运行频率。如果运行频率设定值高于 P1082 或低于 P1080 的设定值，则输出频率被钳位在上、下限频率值上；若运行频率设定值介于上、限频率值之间，则输出频率与给定频率一致。

上、下限频率的设定值既适用于顺时针方向转动，也适用于反时针方向转动。

⑪ 斜坡上升时间 P1120、斜坡下降时间 P1121。设定常规运行方式下的加减速时间。

3. **变频器运行操作**

（1）启动变频器

按下变频器操作面板上的运行键，变频器将驱动电动机升速，并正向运行在由 P1040 所设定的 35Hz 频率对应的 1001r/min 转速上。

（2）正反转及加减速运行

电动机转动时，转速（运行频率）可直接通过按操作面板上的增加键/减少键（▲/▼）来改变。按下按钮，电动机的速度逐渐增加到 50Hz；按下按钮，电动机的速度及其显示值逐渐下降。按下反向键，电动机将反向运行。

（3）点动运行

按下变频器操作面板上的点动键，则变频器驱动电动机升速，并运行在由 P1058 所设置的正向点动 10Hz 频率值上。当松开变频器面板上的点动键，则变频器将驱动电动机降速至零。如果按下变频器操作面板上的换向键，再按下变频器操作面板上的点动键，电动机可在变频器的驱动下反向点动运行，运行频率为由 P1059 所设置的反向点动 5Hz 频率值上。

（4）电动机停车

按下变频器操作面板上的停止键，变频器将驱动电动机降速至零。

二、变频器外部端子操作控制

变频器在实际使用中，电动机经常要根据各类机械的控制要求而进行正转、反转、点动等运行，变频器的给定频率信号、电动机的启动信号等通过变频器控制端子给出，即变频器的外部运行操作，可大大提高生产过程的自动化程度。

通过变频器外部端子对电动机的正反转和点动运行进行调速控制，仍采用键盘给定频率方式，常规运行加减速时间为 5s，正、反向点动运行频率分别设置为 10Hz、5Hz，上、下限频率分别设置为 5Hz、45Hz。

1. **线路连接**

系统线路连接如图 2-10 所示。

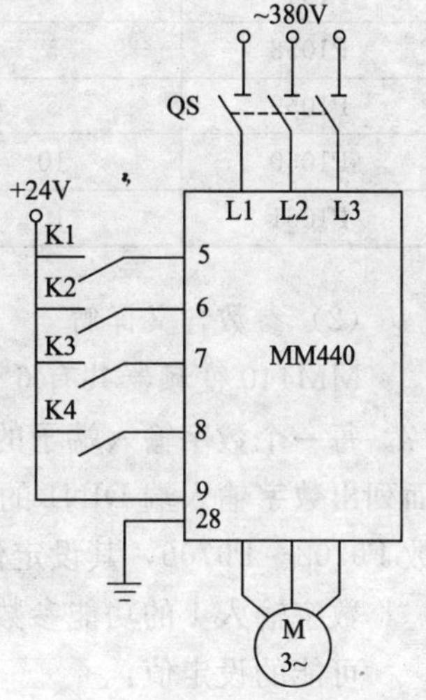

图 2-10　外部端子控制电动机调速运行接线图

2. 相关功能参数设置及含义详解

(1) 参数设置

① 参数复位。设定 P0010＝30 和 P0970＝1，按下 P 键，开始复位。

② 设置电动机参数。电动机参数设置如表 2-1 所示。设置完成后设定 P1000＝0，变频器处于准备运行状态，然后设置相关运行参数。控制参数如表 2-3 所示。

表 2-3 控制参数

参数号	默认值	设置值	说　明
P0003	1	1	设用户访问级为标准级
P0004	0	7	命令和数字 I/O
P0700	2	2	命令源选择由端子排输入
P0003	1	2	设用户访问级为扩展级
P0004	0	7	命令和数字 I/O
P0701	1	1	ON 接通正转,OFF 停止
P0702	1	2	ON 接通反转,OFF 停止
P0703	9	10	正向点动
P0704	15	11	反转点动
P0003	1	1	设用户访问级为标准级
P0004	0	10	设定值通道和斜坡函数发生器
P1000	2	1	由键盘(电动电位计)输入设定值
P1080	0	5	电动机运行的最低频率(Hz)
P1082	50	45	电动机运行的最高频率(Hz)
P1120	10	5	斜坡上升时间(s)
P1121	10	5	斜坡下降时间(s)
P0003	1	2	设用户访问级为扩展级
P0004	0	10	设定值通道和斜坡函数发生器
P1040	5	35	设定键盘控制的频率值
P1058	5	10	正向点动频率(Hz)
P1059	5	5	反向点动频率(Hz)
P1060	10	10	点动斜坡上升时间(s)
P1061	10	10	点动斜坡下降时间(s)

(2) 参数含义详解

MM440 变频器共有 6 个常规数字输入端子 DIN1～DIN6，即端子 5、6、7、8、16 和 17。每一个数字输入端子的功能很多，可根据需要分别通过参数 P0701～P0706 设置。下面列出数字输入端 DIN1 的一些功能参数设定值，定义数字输入端 DIN2～DIN6 的功能参数 P0702～P0706，其设定值与此相同。

数字输入 1 的功能参数 P0701：本参数用于设定数字输入 1 的功能。

可能的设定值：

0—禁止数字输入；

1—ON/OFF1 (接通正转/停车命令 1)；

2—ON reverse /OFF1（接通反转/停车命令 1）；

3—OFF2（停车命令 2）：按惯性自由停车；

4—OFF3（停车命令 3）：按斜坡函数曲线快速降速停车；

9—故障确认；

10—正向点动；

11—反向点动；

12—反转；

13—MOP（电动电位计）升速（增加频率）；

14—MOP 降速（减少频率）；

15—固定频率设定值（直接选择）；

16—固定频率设定值（直接选择＋ON 命令）；

17—固定频率设定值（二进制编码的十进制数（BCD 码）选择＋ON 命令）；

21—机旁/远程控制；

25—直流注入制动；

29—由外部信号触发跳闸；

33—禁止附加频率设定值；

99—使能 BICO 参数化。

3. 变频器运行操作

（1）正向运行

当开关 K1 闭合时，变频器数字端口 5 为 ON，电动机按 P1120 所设置的 5s 斜坡上升时间正向启动运行，经 5s 后稳定运行在 P1040 所设置的 35Hz 转速上。断开开关 K1，变频器数字端口 5 为 OFF，电动机按 P1121 所设置的 5s 斜坡下降时间停止运行。

（2）反向运行

当开关 K1、K2 同时闭合时，变频器数字端口 5 和 6 均为 ON，电动机按 P1120 所设置的 5s 斜坡上升时间反向启动运行，经 5s 后稳定运行在与 P1040 所设置的 35Hz 对应转速上。断开开关 K1、K2，变频器数字端口 5、6 为 OFF，电动机按 P1121 所设置的 5s 斜坡下降时间停止运行。

（3）电动机的点动运行

正向点动运行：当开关 K3 闭合时，变频器数字端口 7 为 ON，电动机按 P1060 所设置的 10s 点动斜坡上升时间正向启动运行，经 5s 后稳定运行在与 P1058 所设置的 10Hz 对应转速上。断开开关 K3，变频器数字端口 7 为 OFF，电动机按 P1061 所设置的 10s 点动斜坡下降时间停止运行。

反向点动运行：闭合开关 K2，当开关 K3 闭合时，电动机反向启动运行，断开开关 K2、K3，电动机停止运行。

（4）电动机的速度调节

通过操作面板上的增加键 / 减少键（▲/▼）可调节转速。

（5）电动机停车

按下变频器操作面板上的停止键，变频器将驱动电动机降速至零。

任务评价

任务评价见表 2-4。

表 2-4 任务评价表

序号	考核内容	考核要求	评价标准	配分	扣分	得分
1	电路设计	能根据任务要求设计电路	1. 线路绘制不标准,每处扣 3 分 2. 线路设计错误,每处扣 5 分	20		
2	参数设置	能根据任务要求正确设置变频器参数	1. 参数设置不全,每处扣 5 分 2. 参数设置错误,每处扣 5 分	40		
3	线路连接	能正确使用工具和仪表,按照电路图接线	1. 元件安装不符合要求,每处扣 2 分 2. 接线不规范,每处扣 1 分	20		
4	操作调试	能正确、合理地根据接线和参数设置,现场调试变频器的运行	1. 变频器操作错误,扣 10 分 2. 调试失败,扣 20 分	20		
5	安全文明生产	操作安全规范、环境整洁	违反安全文明生产规程,酌情扣分			

巩固练习

1. 模拟量给定信号中,有时要设置电压范围是 1～5V,电流范围是 4～20mA,为什么不从零开始?

2. 利用变频器外部端子实现电动机正转、反转和点动的功能,电动机加减速时间为 4s,运行频率 25Hz;点动频率为 10Hz,加减速时间为 5s。DIN5 端口设为正转控制,DIN6 端口设为反转控制,画出变频器外部接线图,并进行参数设置、操作调试。

任务 2.2 模拟信号给定的变频调速控制

学习目标

1. 掌握 MM440 变频器的模拟信号控制方法。
2. 掌握 MM440 变频器基本参数设置方法。
3. 熟练掌握 MM440 变频器的运行操作过程。

任务要求

1. 由模拟输入端控制电动机转速的大小。
2. 用外部端子实现电动机的正反转控制。
3. 完成线路连接及相关参数设置。

相关知识

MM440变频器既可通过基本操作板，按频率调节按键增加和减少输出频率，以设置正反向转速的大小，也可由模拟输入端控制电动机转速的大小。

一、模拟输入端 AIN

MM440变频器有两个模拟输入端（即端口3、4及端口10、11），可输入0～10V的电压信号或0～20mA的电流信号作为频率给定信号，此外，端口还可用做第7、8个数字输入端及PID闭环控制时的反馈信号输入端。

MM440变频器的两路模拟量输入，相关参数以in000和in001区分，可以通过P0756分别设置每个通道属性。但若要从电压模拟输入切换到电流模拟输入，仅仅修改参数P0756是不够的，端子板上的DIP开关也必须设定为正确的位置。

DIP开关的设定值如图2-11所示，即OFF＝电压输入0～10V；ON＝电流输入0～20mA。

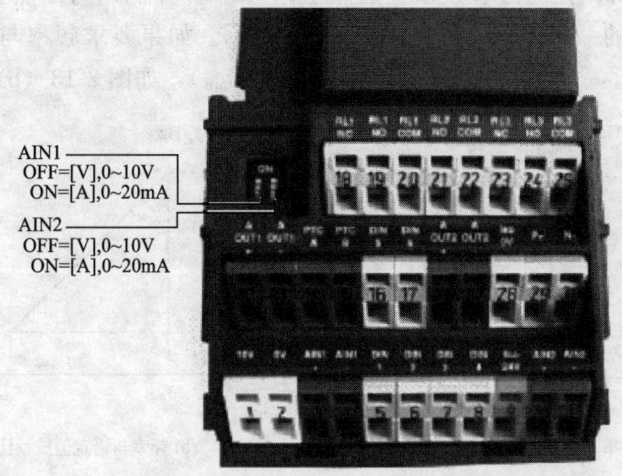

图2-11 端子板上的DIP开关设置

DIP开关的安装位置与模拟输入的对应关系为：左面的DIP开关DIP 1＝模拟输入1；右面的DIP开关DIP 2＝模拟输入2。

MM440变频器的1、2输出端为用户的给定单元提供了一个高精度的＋10V直流稳压电源。可将电位器串联在电路中，通过调节电位器，改变模拟输入端口给定的模拟输入电压，变频器频率将紧紧跟踪给定量的变化，从而实现平滑无级地调节电动机转速的大小。

二、频率给定线的设定及调整

由模拟量进行外接频率给定时，变频器的给定信号 x 与对应的给定频率 f_x 之间的关系曲线 $f_x=f(x)$，称为频率给定线。

1. 基本频率给定线

给定信号 x 从0增大至最大值 x_{max} 的过程中，给定频率 f_x 线性地从0增大到最大频

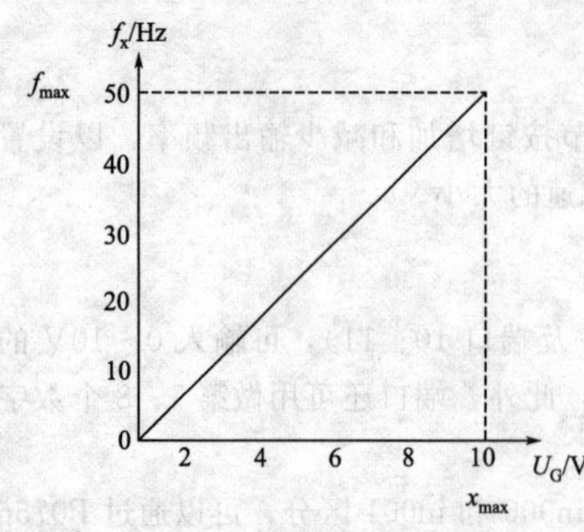

图 2-12 基本频率给定线

率 f_{max} 的给定线称为基本频率给定线，如图 2-12 所示。

2. 频率给定线的调整方式

在生产实践中，生产机械所要求的最低频率及最高频率常常不是 0Hz 和额定频率，或者说，实际要求的频率给定线与基本频率给定线并不一致。所以，需要对频率给定线进行适当调整，使之符合生产实际的需要。

因为频率给定线是直线，所以，给定线的调整可着眼于频率给定线的起点（即当给定信号为最小值时对应的频率）和频率给定线的终点（即当给定信号为最大值时对应的频率）。MM440 变频器频率给定线通过直接坐标预置方式进行调整。

直接坐标预置方式是通过直接预置起点坐标（x_{min}，f_{min}）与终点坐标（x_{max}，f_{max}）来预置频率给定线的一种方式，如图 2-13（a）所示。如果要求频率与给定信号成反比，则起点坐标为（x_{min}，f_{max}），终点坐标为（x_{max}，f_{min}），如图 2-13（b）所示。

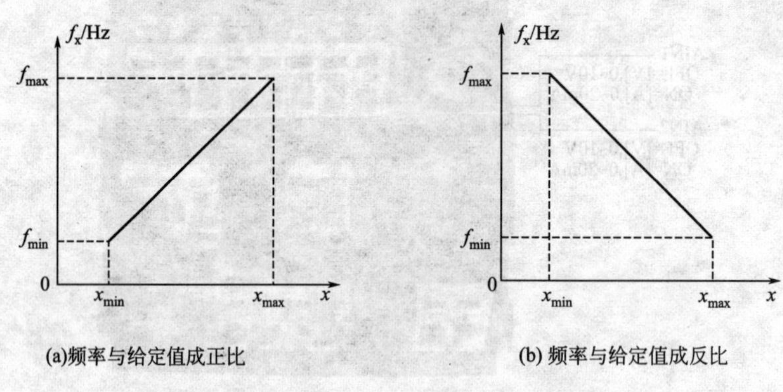

图 2-13 直接预置坐标调整频率给定线

MM440 变频器由参数 P0757（ADC 的 X_1 的值）、P0758（ADC 的 Y_1 的值）、P0759（ADC 的 X_2 的值）、P0760（ADC 的 Y_2 的值）设定。

3. 死区的设置

用模拟量给定信号进行正、反转控制时，“0”速控制很难稳定。在给定信号为“0”时，常常出现正转相序与反转相序的“反复切换”现象，为防止这种“反复切换”现象，需要在“0”速附近设定一个死区。

MM440 变频器通过参数 P0761 设置 ADC 死区宽度。

4. MM440 变频器频率给定线调整举例

【例 2-1】 某用户要求，当模拟量给定信号为 1～5V 时，变频器输出频率为 0～50Hz。

解 由题意可知，1V 对应频率为 0Hz，5V 对应频率为 50Hz，相应的频率给定线如图 2-14 所示。

ADC 的类型：P0756＝0

起点坐标：P0757＝1V，P0758＝0％

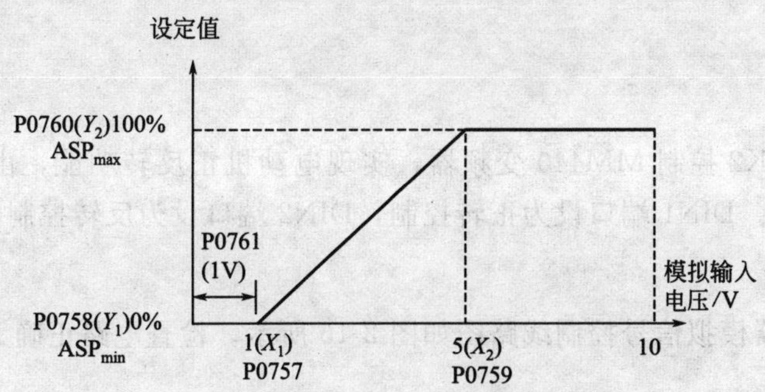

图 2-14 【例 2-1】频率给定线

终点坐标：P0759＝5V，P0760＝100％

死区电压：P0761＝1V

基准频率：P2000＝50Hz（设定值的 100％为 50Hz）

最低频率：0Hz

最高频率：50Hz

【例 2-2】 某用户要求，当模拟量给定信号为 2～10V 时，变频器输出频率为－50～＋50Hz，带有中心为“0”且有 0.2V 宽度的“支撑点”（死区）。

解 由题意可知，2V 对应频率为－50Hz，10V 对应频率为＋50Hz，相应的频率给定线如图 2-15 所示。

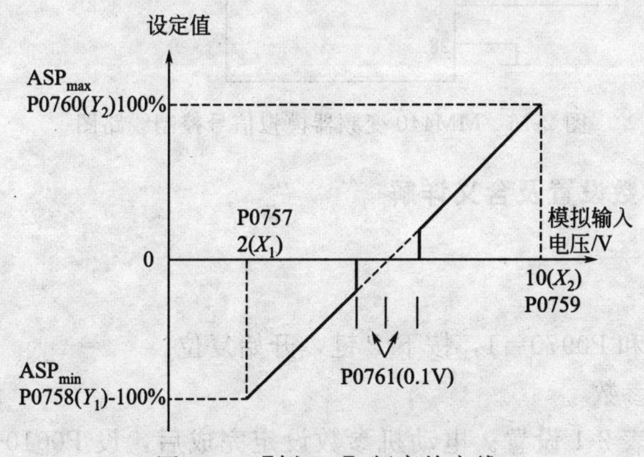

图 2-15 【例 2-2】频率给定线

ADC 的类型：P0756＝0

起点坐标：P0757＝2V，P0758＝－100％

终点坐标：P0759＝10V，P0760＝100％

死区电压：P0761＝0.1V

基准频率：P2000＝50Hz（设定值的 100％为 50Hz）

最低频率：0Hz

最高频率：50Hz

说明： 如果 P0758 和 P0760（ADC 标定的 Y_1 和 Y_2 坐标）的值都是正的或都是负的，那么，从 0V 开始到 P0761 的值为死区。如果 P0758 和 P0760 的符号相反，那么，死区在交点（x 轴与 ADC 标定曲线的交点）的两侧。当设定中心为“0”时，$f_{\min}$（P1080）应该是 0。

任务实施

用开关 K1 和 K2 控制 MM440 变频器，实现电动机正反转功能，由模拟输入端控制电动机转速的大小。DIN1 端口设为正转控制，DIN2 端口设为反转控制。

一、线路连接

MM440 变频器模拟信号控制线路图如图 2-16 所示。检查电路正确无误后，合上主电源开关。

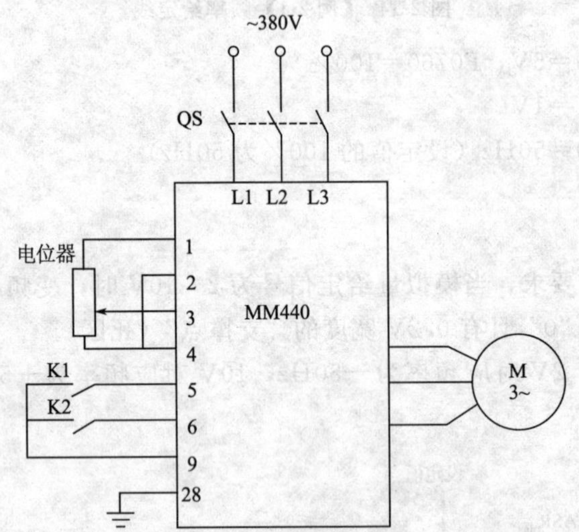

图 2-16　MM440 变频器模拟信号控制线路图

二、相关功能参数设置及含义详解

1. 参数设置

(1) 参数复位

设定 P0010＝30 和 P0970＝1，按下 P 键，开始复位。

(2) 设置电动机参数

电动机参数按照表 2-1 设置。电动机参数设定完成后，设 P0010＝0，变频器当前处于准备状态，可正常运行。

(3) 设置模拟信号操作控制参数

见表 2-5。

表 2-5　模拟信号操作控制参数

参数号	出厂值	设置值	说　明
P0003	1	1	设用户访问级为标准级
P0004	0	7	命令和数字 I/O
P0700	2	2	命令源选择由端子排输入
P0003	1	2	设用户访问级为扩展级

续表

参数号	出厂值	设置值	说　明
P0004	0	7	命令和数字 I/O
P0701	1	1	ON 接通正转，OFF 停止
P0702	1	2	ON 接通反转，OFF 停止
P0003	1	1	设用户访问级为标准级
P0004	0	10	设定值通道和斜坡函数发生器
P1000	2	2	频率设定值选择为模拟输入
P1080	0	0	电动机运行的最低频率(Hz)
P1082	50	50	电动机运行的最高频率(Hz)

2. 参数含义详解

(1) ADC 的类型 P0756

定义模拟输入的类型，并允许模拟输入的监控功能投入。

可能的设定值：

0—单极性电压输入 0～+10V；

1—带监控的单极性电压输入 0～+10V；

2—单极性电流输入 0～20mA；

3—带监控的单极性电流输入 0～20mA；

4—双极性电压输入－10～+10V。

说明：受硬件的限制，模拟输入 2(P0756[1]=4) 不能选择双极性电压输入。

(2) 标定 ADC 的 X_1 值 [V/mA] P0757

参数 P0757～P0760 用于配置模拟输入的标定。

(3) 标定 ADC 的 Y_1 值 P0758

以 [%] 值表示。

(4) 标定 ADC 的 X_2 值 [V/mA] P0759

P0759 的 ADC 标定值 X_2 必须大于 P0757 的 ADC 标定值 X_1。

(5) 标定 ADC 的 Y_2 值 P0760

以 [%] 值表示。

(6) ADC 死区的宽度 [V/mA] P0761

定义模拟输入特性死区的宽度。

3. 变频器运行操作

(1) 电动机正转与调速

电动机正转开关 K1 闭合，数字输入端口 DIN1 为 ON，电动机正转运行，转速由外接电位器来控制，模拟电压信号在 0～10V 之间变化，对应变频器的频率在 0～50Hz 之间变化，对应电动机的转速在 0～1430r/min 之间变化。当断开 K1 时，电动机停止运转。

(2) 电动机反转与调速

电动机反转开关 K2 闭合，数字输入端口 DIN2 为 ON，电动机反转运行，与电动机正转相同，反转转速的大小仍由外接电位器来调节。当断开 K2 时，电动机停止运转。

任务评价

任务评价见表 2-6。

表 2-6 任务评价表

序号	考核内容	考核要求	评价标准	配分	扣分	得分
1	电路设计	能根据任务要求设计电路	1. 线路绘制不标准，每处扣 3 分 2. 线路设计错误，每处扣 5 分	20		
2	参数设置	能根据任务要求正确设置变频器参数	1. 参数设置不全，每处扣 5 分 2. 参数设置错误，每处扣 5 分	40		
3	线路连接	能正确使用工具和仪表，按照电路图接线	1. 元件安装不符合要求，每处扣 2 分 2. 接线不规范，每处扣 1 分	20		
4	操作调试	能正确、合理地根据接线和参数设置，现场调试变频器的运行	1. 变频器操作错误，扣 10 分 2. 调试失败，扣 20 分	20		
5	安全文明生产	操作安全规范、环境整洁	违反安全文明生产规程，酌情扣分			

巩固练习

通过模拟输入端口 3、4，利用外部接入的电位器，控制电动机转速的大小。要求：给定电压信号为 2～8V 时，变频器输出频率为－30～50Hz，带有中心为“0”且有 1V 宽度的“支撑点”。试画出变频器外部接线图，并进行参数设置、操作调试。

任务 2.3 多段速度选择的变频调速控制

学习目标

1. 掌握变频器多段速数字输入端 DIN1～DIN6 的使用。
2. 熟悉多段速控制变频器参数的设定。
3. 掌握变频器多段速频率控制方式。
4. 掌握变频器的多段速运行操作过程。

任务要求

1. 分别利用三种选择多段频率方式控制电动机转速。
2. 用外部端子实现电动机的正反转控制。
3. 完成线路连接及相关参数设置。

相关知识

由于生产工艺上的要求，很多生产机械在不同的阶段需要在不同的转速下运行。为方便这种负载，大多数变频器提供了多挡频率控制功能。用户可以通过几个开关的通、断组合来选择不同的运行频率，实现不同转速下运行的目的。

多段速功能，也称做固定频率，就是设置参数 P1000＝3 的条件下，用开关量端子选择固定频率的组合，实现电动机多段速度运行。

MM440 变频器的 6 个数字输入端口（DIN1～DIN6），通过设置 P0701～P0706 实现多频段控制。可通过如下三种方法实现。

1. 直接选择（P0701～P0706＝15）

在这种操作方式下，一个数字输入选择一个固定频率，端子与参数设置对应关系见表 2-7。

表 2-7　端子与参数设置对应表

<table>
<tr><th>端子编号</th><th>对应参数</th><th>对应频率设置值</th><th>说　明</th></tr>
<tr><td>5</td><td>P0701</td><td>P1001</td><td rowspan="6">1. 频率给定源 P1000 必须设置为 3
2. 当多个选择同时激活时，选定的频率是它们的总和。例如，FF1 ＋ FF2 ＋ FF3 ＋ FF4 ＋ FF5 ＋ FF6</td></tr>
<tr><td>6</td><td>P0702</td><td>P1002</td></tr>
<tr><td>7</td><td>P0703</td><td>P1003</td></tr>
<tr><td>8</td><td>P0704</td><td>P1004</td></tr>
<tr><td>16</td><td>P0705</td><td>P1005</td></tr>
<tr><td>17</td><td>P0706</td><td>P1006</td></tr>
</table>

在直接选择的操作方式（P0701～P0706＝15）下，还需要一个 ON 命令才能使变频器投入运行。

2. 直接选择＋ON 命令（P0701～P0706＝16）

此种选择频率的操作方式与直接选择相同，也是一个数字输入选择一个固定频率。端子与参数设置对应关系如表 2-7 所示。区别在于，使用该方式时，数字量输入既选择固定频率，又带有 ON 命令。

3. 二进制编码选择＋ON 命令（P0701～P0706＝17）

使用这种方式最多可实现 15 频段控制，每一频段的频率分别由 P1001～P1015 参数设置，各个固定频率的数值选择见表 2-8。

表 2-8　DIN 状态组合与固定频率选择对应表

频率设定	频率段	DIN4	DIN3	DIN2	DIN1
	OFF	0	0	0	0
P1001	FF1	0	0	0	1
P1002	FF2	0	0	1	0
P1003	FF3	0	0	1	1
P1004	FF4	0	1	0	0

续表

频率设定	频率段	DIN4	DIN3	DIN2	DIN1
P1005	FF5	0	1	0	1
P1006	FF6	0	1	1	0
P1007	FF7	0	1	1	1
P1008	FF8	1	0	0	0
P1009	FF9	1	0	0	1
P1010	FF10	1	0	1	0
P1011	FF11	1	0	1	1
P1012	FF12	1	1	0	0
P1013	FF13	1	1	0	1
P1014	FF14	1	1	1	0
P1015	FF15	1	1	1	1

6 个数字输入端口，哪些作为电动机运行、停止控制，哪些作为多段频率控制，是可以由用户任意确定的，一旦确定了某一数字输入端口的控制功能，其内部的参数设置值必须与端口的控制功能相对应。表 2-8 所列即为使用 DIN1、DIN2、DIN3、DIN4 4 个输入端来选择 15 段频率。

在多频段控制中，电动机的正、反转可由两种方法实现：一是通过一个数字输入端口选择；二是由 P1001～P1015 参数所设置的频率正负决定。

模拟输入回路可以另行配置，用于提供两个附加的数字输入（DIN7 和 DIN8），如图 2-17 所示。

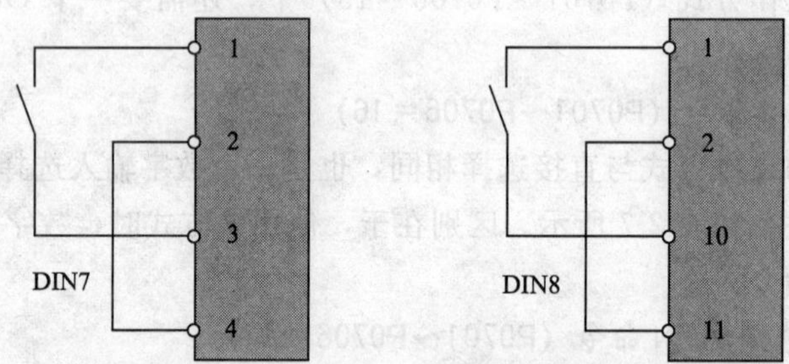

图 2-17 模拟输入作为数字输入时外部线路的连接

端子 9（24V）在作为数字输入使用时也可用于驱动模拟输入。端子 2 和端子 28（0V）必须连接在一起。

任务实施

利用 MM440 变频器分别采用 3 种选择固定频率方式实现 6 段速度的运行控制。6 段频率设置如下：

第 1 段：输出频率为 10Hz；第 2 段：输出频率为 20Hz；

第 3 段：输出频率为 50Hz；第 4 段：输出频率为－25Hz；

第 5 段：输出频率为－35Hz；第 6 段：输出频率为－50Hz。

一、直接选择方式

1. 线路连接

按图 2-18 连接电路，检查线路正确后，合上变频器电源开关 QS。

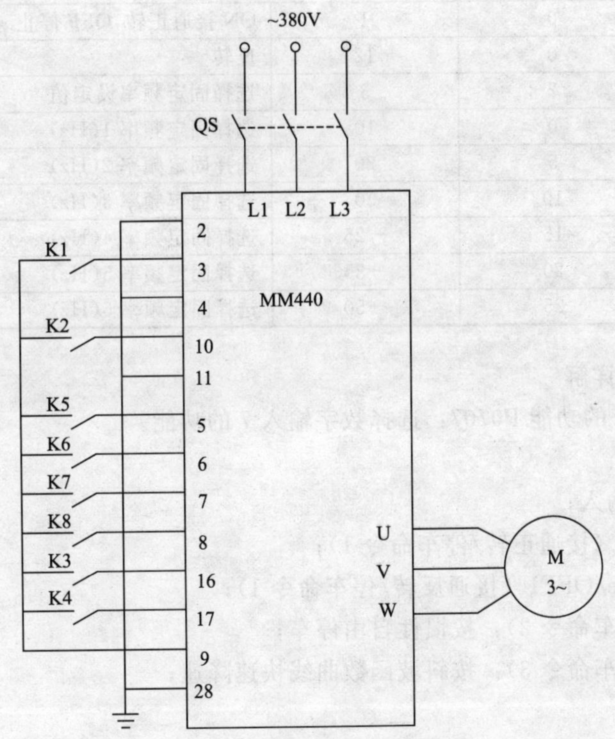

图 2-18　直接选择方式控制线路图

2. 相关功能参数设置及含义详解

（1）参数设置

① 参数复位。设定 P0010＝30 和 P0970＝1，按下 P 键，开始复位。

② 设置电动机参数。电动机参数设置如表 2-1 所示。电动机参数设定完成后，设定 P0010＝0，变频器当前处于准备状态，可正常运行。

③ 设置变频器 6 段固定频率控制参数，见表 2-9。

表 2-9　变频器 6 段固定频率控制参数设置

参数号	出厂值	设置值	说　明
P0003	1	3	设用户访问级为专家级
P0004	0	0	全部参数
P0700	2	2	命令源选择由端子排输入
P0701	1	15	选择固定频率
P0702	12	15	选择固定频率
P0703	9	15	选择固定频率
P0704	15	15	选择固定频率

续表

参数号	出厂值	设置值	说　明
P0705	15	15	选择固定频率
P0706	15	15	选择固定频率
P0707	0	1	ON 接通正转,OFF 停止
P0708	0	12	反转
P1000	2	3	选择固定频率设定值
P1001	0	10	选择固定频率 1(Hz)
P1002	5	20	选择固定频率 2(Hz)
P1003	10	50	选择固定频率 3(Hz)
P1004	15	－25	选择固定频率 4(Hz)
P1005	20	－35	选择固定频率 5(Hz)
P1006	25	－50	选择固定频率 6(Hz)

(2) 参数含义详解

① 数字输入 7 的功能 P0707：选择数字输入 7 的功能。

可能的设定值：

0—禁止数字输入；

1—ON/OFF1（接通正转/停车命令 1）；

2—ON reverse/OFF1（接通反转/停车命令 1）；

3—OFF2（停车命令 2）：按惯性自由停车；

4—OFF3（停车命令 3）：按斜坡函数曲线快速降速；

9—故障确认；

10—正向点动；

11—反向点动；

12—反转；

13—MOP（电动电位计）升速（增加频率）；

14—MOP 降速（减少频率）；

25—直流注入制动；

29—由外部信号触发跳闸；

33—禁止附加频率设定值；

99—使能 BICO 参数化。

② 数字输入 8 的功能 P0708：选择数字输入 8 的功能。

可能的设定值参看参数 P0707。

(3) 变频器运行操作

① 启动。当按下开关 K1 时，端口 3 为 ON，允许电动机运行。

② 调速。第 1 频段控制。开关 K5 接通时，变频器数字输入端口 5 为 ON，变频器工作在由 P1001 参数所设定的频率为 10Hz 的第 1 频段上。

第 2 频段控制。开关 K6 接通时，变频器数字输入端口 6 为 ON，变频器工作在由 P1002 参数所设定的频率为 20Hz 的第 2 频段上。

第 3 频段控制。开关 K7 接通时，变频器数字输入端口 7 为 ON，变频器工作在由

P1003 参数所设定的频率为 50Hz 的第 3 频段上。

第 4 频段控制。开关 K8 接通时，变频器数字输入端口 8 为 ON，变频器工作在由 P1004 参数所设定的频率为－25Hz 的第 4 频段上。

第 5 频段控制。开关 K3 接通时，变频器数字输入端口 16 为 ON，变频器工作在由 P1005 参数所设定的频率为－35Hz 的第 5 频段上。

第 6 频段控制。开关 K4 接通时，变频器数字输入端口 17 为 ON，变频器工作在由 P1006 参数所设定的频率为－50Hz 的第 6 频段上。

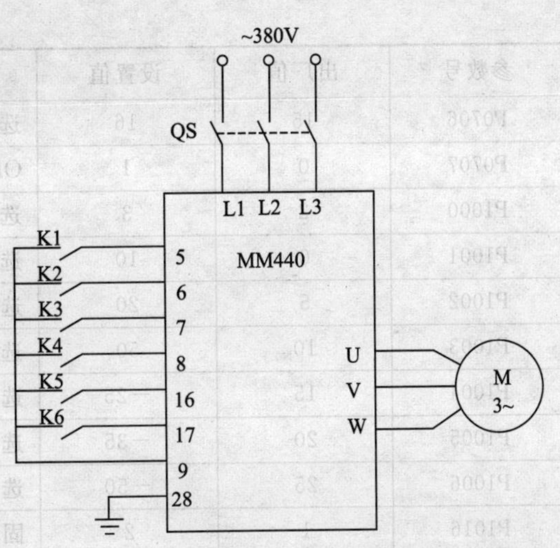

图 2-19 直接选择＋ON 命令方式控制线路图

③ 电动机停车。当开关 K3～K8 都断开时，变频器数字输入端口 5、6、7、8、16、17 均为 OFF，电动机停止运行；或在电动机正常运行的任何频段，将 K1 断开，使端口 3 为 OFF，电动机也能停止运行。

此外，电动机的反向运行可通过在电动机处于任何频段运行时闭合开关 K2 实现。

二、直接选择 ＋ ON 命令方式

1. 线路连接

按图 2-19 连接电路，检查线路正确后，合上变频器电源开关 QS。

2. 相关功能参数设置及含义详解

(1) 参数设置

① 参数复位。设定 P0010＝30 和 P0970＝1，按下 P 键，开始复位。

② 设置电动机参数。电动机参数设置如表 2-1 所示。电动机参数设定完成后，设定 P0010＝0，变频器当前处于准备状态，可正常运行。

③ 设置变频器 6 段固定频率控制参数，见表 2-10。

表 2-10 变频器 6 段固定频率控制参数设置

参数号	出厂值	设置值	说 明
P0003	1	3	设用户访问级为专家级
P0004	0	0	全部参数
P0700	2	2	命令源选择由端子排输入
P0701	1	16	选择固定频率
P0702	12	16	选择固定频率
P0703	9	16	选择固定频率
P0704	15	16	选择固定频率
P0705	15	16	选择固定频率

续表

参数号	出厂值	设置值	说　明
P0706	15	16	选择固定频率
P0707	0	1	ON 接通正转,OFF 停止
P1000	2	3	选择固定频率设定值
P1001	0	10	选择固定频率 1(Hz)
P1002	5	20	选择固定频率 2(Hz)
P1003	10	50	选择固定频率 3(Hz)
P1004	15	−25	选择固定频率 4(Hz)
P1005	20	−35	选择固定频率 5(Hz)
P1006	25	−50	选择固定频率 6(Hz)
P1016	1	2	固定频率方式
P1017	1	2	固定频率方式
P1018	1	2	固定频率方式
P1019	1	2	固定频率方式

(2) 参数含义详解

① 固定频率方式——位 0，P1016。可以用三种不同的方式选择固定频率。参数 P1016 定义选择方式的位 0。

可能的设定值：

1—直接选择；

2—直接选择＋ON 命令；

3—二进制编码选择＋ON 命令。

② 固定频率方式——位 1，P1017。可以用三种不同的方式选择固定频率。参数 P1017 定义选择方式的位 1。可能的设定值与参数 P1016 相同。

③ 固定频率方式——位 2，P1018。可以用三种不同的方式选择固定频率。参数 P1018 定义选择方式的位 2。可能的设定值与参数 P1016 相同。

④ 固定频率方式——位 3，P1019。可以用三种不同的方式选择固定频率。参数 P1019 定义选择方式的位 3。可能的设定值与参数 P1016 相同。

(3) 变频器运行操作

① 启动与调速。第 1 频段控制。开关 K1 接通时，变频器数字输入端口 5 为 ON，变频器工作在由 P1001 参数所设定的频率为 10Hz 的第 1 频段上。

第 2 频段控制。开关 K2 接通时，变频器数字输入端口 6 为 ON，变频器工作在由 P1002 参数所设定的频率为 20Hz 的第 2 频段上。

第 3 频段控制。开关 K3 接通时，变频器数字输入端口 7 为 ON，变频器工作在由 P1003 参数所设定的频率为 50Hz 的第 3 频段上。

第 4 频段控制。开关 K4 接通时，变频器数字输入端口 8 为 ON，变频器工作在由 P1004 参数所设定的频率为－25Hz 的第 4 频段上。

第 5 频段控制。开关 K5 接通时，变频器数字输入端口 16 为 ON，变频器工作在由

P1005 参数所设定的频率为－35Hz 的第5 频段上。

第 6 频段控制。开关 K6 接通时，变频器数字输入端口 17 为 ON，变频器工作在由 P1006 参数所设定的频率为－50Hz的第 6 频段上。

② 电动机停车。当开关 K1～K6 都断开时，变频器数字输入端口 5、6、7、8、16、17 均为 OFF，电动机停止运行。

三、二进制编码选择 ＋ ON 命令方式

1. 线路连接

按图 2-20 连接电路，检查线路正确后，合上变频器电源开关 QS。

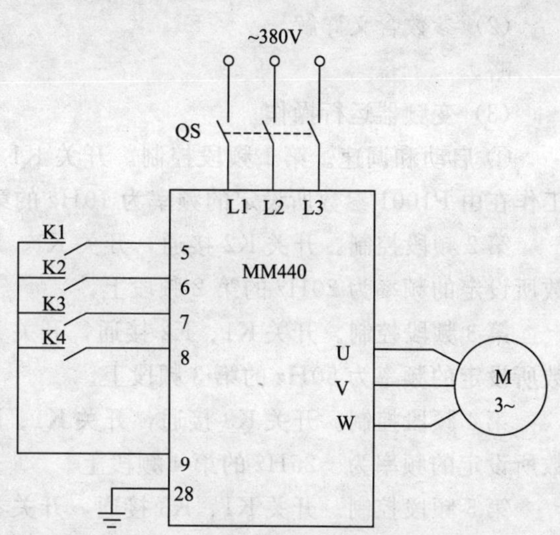

图 2-20 二进制编码选择＋ON 命令方式控制线路图

2. 相关功能参数设置及含义详解

(1) 参数设置

① 参数复位。设定 P0010＝30 和 P0970＝1，按下 P 键，开始复位。

② 设置电动机参数。电动机参数设置如表 2-1 所示。电动机参数设定完成后，设定 P0010＝0，变频器当前处于准备状态，可正常运行。

③ 设置变频器 6 段固定频率控制参数，见表 2-11。

表 2-11 变频器 6 段固定频率控制参数设置

参数号	出厂值	设置值	说 明
P0003	1	3	设用户访问级为专家级
P0004	0	0	全部参数
P0700	2	2	命令源选择由端子排输入
P0701	1	17	选择固定频率
P0702	12	17	选择固定频率
P0703	9	17	选择固定频率
P0704	15	17	选择固定频率
P1000	2	3	选择固定频率设定值
P1001	0	10	选择固定频率 1(Hz)
P1002	5	20	选择固定频率 2(Hz)
P1003	10	50	选择固定频率 3(Hz)
P1004	15	－25	选择固定频率 4(Hz)
P1005	20	－35	选择固定频率 5(Hz)
P1006	25	－50	选择固定频率 6(Hz)
P1016	1	3	固定频率方式
P1017	1	3	固定频率方式
P1018	1	3	固定频率方式
P1019	1	3	固定频率方式

(2) 参数含义详解

略。

(3) 变频器运行操作

① 启动和调速。第 1 频段控制。开关 K1 接通，开关 K2、K3、K4 断开时，变频器工作在由 P1001 参数所设定的频率为 10Hz 的第 1 频段上。

第 2 频段控制。开关 K2 接通，开关 K1、K3、K4 断开时，变频器工作在由 P1002 参数所设定的频率为 20Hz 的第 2 频段上。

第 3 频段控制。开关 K1、K2 接通，开关 K3、K4 断开时，变频器工作在由 P1003 参数所设定的频率为 50Hz 的第 3 频段上。

第 4 频段控制。开关 K3 接通，开关 K1、K2、K4 断开时，变频器工作在由 P1004 参数所设定的频率为－25Hz 的第 4 频段上。

第 5 频段控制。开关 K1、K3 接通，开关 K2、K4 断开时，变频器工作在由 P1005 参数所设定的频率为－35Hz 的第 5 频段上。

第 6 频段控制。开关 K2、K3 接通，开关 K1、K4 断开时，变频器工作在由 P1006 参数所设定的频率为－50Hz 的第 6 频段上。

② 电动机停车。当开关 K1～K4 都断开时，电动机停止运行。

任务评价

任务评价见表 2-12。

表 2-12　任务评价表

序号	考核内容	考核要求	评价标准	配分	扣分	得分
1	电路设计	能根据任务要求设计电路	1. 线路绘制不标准，每处扣 3 分 2. 线路设计错误，每处扣 5 分	20		
2	参数设置	能根据任务要求正确设置变频器参数	1. 参数设置不全，每处扣 5 分 2. 参数设置错误，每处扣 5 分	40		
3	线路连接	能正确使用工具和仪表，按照电路图接线	1. 元件安装不符合要求，每处扣 2 分 2. 接线不规范，每处扣 1 分	20		
4	操作调试	能正确、合理地根据接线和参数设置，现场调试变频器的运行	1. 变频器操作错误，扣 10 分 2. 调试失败，扣 20 分	20		
5	安全文明生产	操作安全规范、环境整洁	违反安全文明生产规程，酌情扣分			

巩固练习

用开关控制变频器实现电动机 12 段速频率运转。12 段速设置分别为：第 1 段输出频率为 5Hz；第 2 段输出频率为 10Hz；第 3 段输出频率为 15Hz；第 4 段输出频率为－15Hz；第 5 段输出频率为－5Hz；第 6 段输出频率为－20Hz；第 7 段输出频率为 25Hz；第 8 段输出频率为 40Hz；第 9 段输出频率为 50Hz；第 10 段输出频率为 30Hz；第 11 段输出频率为－30Hz；第 12 段输出频率为 60Hz。画出变频器外部接线图，写出参数设置并调试。

任务 2.4 变频器瞬时停电再启动控制

学习目标

1. 了解变频器瞬时停电再启动功能。
2. 掌握变频器瞬时停电再启动操作方法。

任务要求

1. 正确设置变频器瞬时停电再启动相关参数。
2. 当变频器瞬时停电再得电时变频器自动启动。

相关知识

一、相关概念

1. 自动再启动

变频器在主电源跳闸或故障后重新启动的功能。需要启动命令加在数字输入端并且保持常 ON 才能进行自动再启动。

2. 捕捉再启动

变频器快速地改变输出频率，去搜寻正在自由旋转的电动机的实际速度。一旦捕捉到电动机的速度实际值，使电动机按常规斜坡函数曲线升速运行到频率的设定值。

二、瞬时停电再启动的作用

该功能的作用是在发生瞬时停电又复电时，使变频器仍然能够根据原定的工作条件自动进入运行状态，从而避免进行复位、再启动等烦琐操作，保证整个系统的连续运行。

三、实现方法

瞬时停电再启动功能的具体实现是在发生瞬时停电时，利用变频器的自动跟踪功能，使变频器的输出频率能够自动跟踪与电动机实际转速相对应的频率，然后再升速，返回至预先给定的速度。

任务实施

利用 MM440 变频器实现瞬时停电再启动功能控制。

一、线路连接

按图 2-21 连接电路，检查线路正确后，合上变频器电源开关 QS。

二、相关功能参数设置及含义详解

1. 参数设置

(1) 参数复位

设定 P0010＝30 和 P0970＝1，按下 P 键，开始复位。

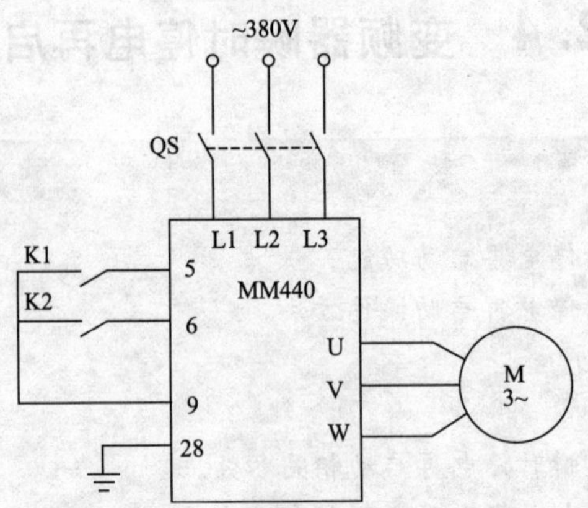

图 2-21 MM440 变频器瞬时停电再启动控制线路图

(2) 设置电动机参数

电动机参数设置如表 2-1 所示。电动机参数设定完成后，设定 P0010＝0，变频器当前处于准备状态，可正常运行。

(3) 设置变频器瞬时停电再启动控制参数

见表 2-13。

表 2-13 变频器瞬时停电再启动控制参数设置

参数号	出厂值	设置值	说明
P0003	1	3	设用户访问级为专家级
P0004	0	0	全部参数
P0700	2	2	命令源选择由端子排输入
P0701	1	1	ON 接通正转,OFF 停止
P0702	12	2	ON 接通反转,OFF 停止
P1000	2	1	由键盘(电动电位计)输入设定值
P1080	0	5	电动机运行的最低频率(Hz)
P1082	50	45	电动机运行的最高频率(Hz)
P1120	10	5	斜坡上升时间(s)
P1121	10	5	斜坡下降时间(s)
P1040	5	50	设定键盘控制的频率值
P1200	0	1	捕捉再启动总是有效,双方向搜索电动机速度
P1203	100	100	设定一个搜索速率
P1210	1	2	在主电源跳闸/接通电源后再启动

2. 参数含义详解

(1) 捕捉再启动 P1200

可能的设定值：

0—禁止捕捉再启动功能；

1—捕捉再启动功能总是有效，从频率设定值的方向开始搜索电动机的实际速度；

2—捕捉再启动功能在上电、故障、OFF2 命令时激活，从频率设定值的方向开始搜索电动机的实际速度；

3—捕捉再启动功能在故障、OFF2 命令时激活，从频率设定值的方向开始搜索电动机的实际速度；

4—捕捉再启动功能总是有效，只在频率设定值的方向搜索电动机的实际速度；

5—捕捉再启动功能在上电、故障、OFF2 命令时激活，只在频率设定值的方向搜索电动机的实际速度；

6—捕捉再启动功能在故障、OFF2 命令时激活，只在频率设定值的方向搜索电动机的实际速度。

说明：

① 这一功能对于驱动带有大惯量负载的电动机来说是特别有用的。

② 设定值 1～3 在两个方向上搜寻电动机的实际速度。

③ 设定值 4～6 只在设定值的方向上搜寻电动机的实际速度。

(2) 搜索速率 P1203

设定一个搜索速率，变频器在捕捉再启动期间按照这一速率改变其输出频率，使它与正在自转的电动机同步。

(3) 自动再启动 P1210

配置在主电源跳闸或发生故障后允许重新启动的功能。

可能的设定值：

0—禁止自动再启动；

1—上电后跳闸复位；

2—在主电源中断后再启动；

3—在主电源消隐或故障后再启动；

4—在主电源消隐后再启动；

5—在主电源中断和故障后再启动；

6—在主电源消隐、中断或故障后再启动。

3. 变频器运行操作

① 闭合开关 K1 或 K2，启动变频器至最高速度。

② 关闭变频器电源开关再马上打开，观察变频器运行情况。

③ 断开开关 K1 或 K2，停止变频器。

④ 将 P1210 的参数设为默认值 1，重复步骤①～③操作，观察变频器运行情况。

任务评价

任务评价见表 2-14。

表 2-14　任务评价表

序号	考核内容	考核要求	评价标准	配分	扣分	得分
1	电路设计	能根据任务要求设计电路	1. 线路绘制不标准，每处扣 3 分 2. 线路设计错误，每处扣 5 分	20		
2	参数设置	能根据任务要求正确设置变频器参数	1. 参数设置不全，每处扣 5 分 2. 参数设置错误，每处扣 5 分	40		
3	线路连接	能正确使用工具和仪表，按照电路图接线	1. 元件安装不符合要求，每处扣 2 分 2. 接线不规范，每处扣 1 分	20		
4	操作调试	能正确、合理地根据接线和参数设置，现场调试变频器的运行	1. 变频器操作错误，扣 10 分 2. 调试失败，扣 20 分	20		
5	安全文明生产	操作安全规范、环境整洁	违反安全文明生产规程，酌情扣分			

巩固练习

1. 总结使用变频器瞬时停电再启动功能。
2. 改变参数 P1200、P1203、P1210 的设定值，观察电动机运行情况。

任务 2.5　PID 变频调速控制

学习目标

1. 掌握面板设定目标值的接线方法及参数设置。
2. 掌握端子设定多个目标值的接线方法及参数设置。
3. 熟悉 PID 参数调试方法。

任务要求

1. 由 BOP 面板设定目标值。
2. 由模拟量通道 2 接入压力反馈信号。
3. 完成线路连接及相关参数设置。

相关知识

在生产实际中，拖动系统的运行速度需要平稳，而负载在运行中不可避免受到一些不可预见的干扰，系统的运行速度将失去平衡，出现震荡，和设定值存在偏差。经过变频器的 PID 调节，可以迅速、准确地消除拖动系统的偏差，回复到给定值。

PID 控制属于闭环控制，是将取自拖动系统输出端的反馈信号，与被控量的目标信号相比较，当输出量偏离所要求的给定值时，给定信号与反馈信号之间存在一个偏差值。在输入端对该偏差值进行 PID 调节，变频器通过改变其输出频率，迅速而准确地回复目标值。PID 控制振荡和误差都比较小，适用于压力、温度、流量控制等。

MM440 变频器内部有 PID 调节器。利用 MM440 变频器可以很方便地构成 PID 闭环控制，MM440 变频器 PID 控制原理简图如图 2-22 所示。

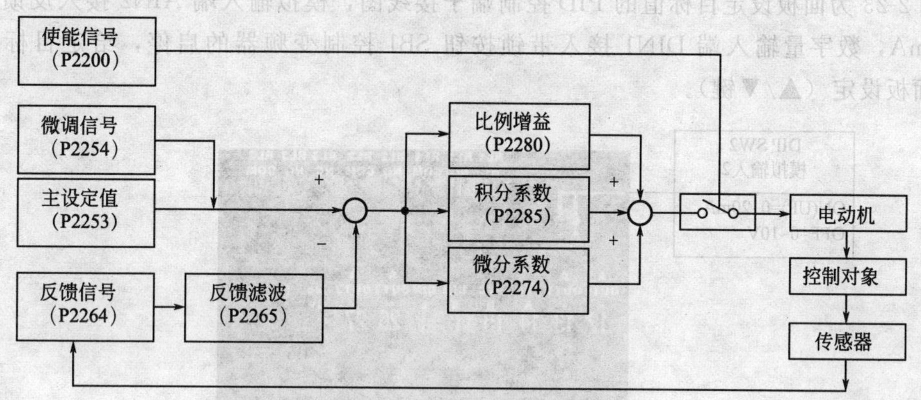

图 2-22 MM440 变频器 PID 控制原理简图

一、目标值给定方法

给定目标值有两种方法：一是由操作面板给定目标值；二是由数字量输入端子选择目标值。

二、反馈信号接入方法

反馈信号接入常用两种方法：

① 将传感器测得的反馈信号直接接到给定信号端。

② 有些变频器专门配置了独立的反馈信号输入端，有些变频器还为传感器配置了电源。

三、常见的压力传送器

(1) 远传压力表

其基本结构是在压力表的指针轴上附加了一个能够带动电位器的滑动触头装置。因此，从电路器件的角度看，实际上是一个电阻值随压力变化的电位器。使用时，需另外设计电路，将压力的大小转换成电压或电流信号。

远传压力表的价格较低廉，但由于电位器的滑动触头总在一个地方摩擦，故寿命较短。

(2) 压力传感器

其输出信号是随压力变化而变化的电压或电流信号。

当距离较远时，应取电流信号，以消除因线路压降引起的误差。通常取 4～20mA，以利于区别零信号和无信号。

(3) 电接点压力表

这是一种老式的压力表，在压力的上限位和下限位都有电接点。这种压力表比较直观。

任务实施

实现面板设定目标值的 PID 控制运行。

一、线路连接

图 2-23 为面板设定目标值的 PID 控制端子接线图，模拟输入端 AIN2 接入反馈信号 0～20mA，数字量输入端 DIN1 接入带锁按钮 SB1 控制变频器的启停，给定目标值由 BOP 面板设定（▲/▼键）。

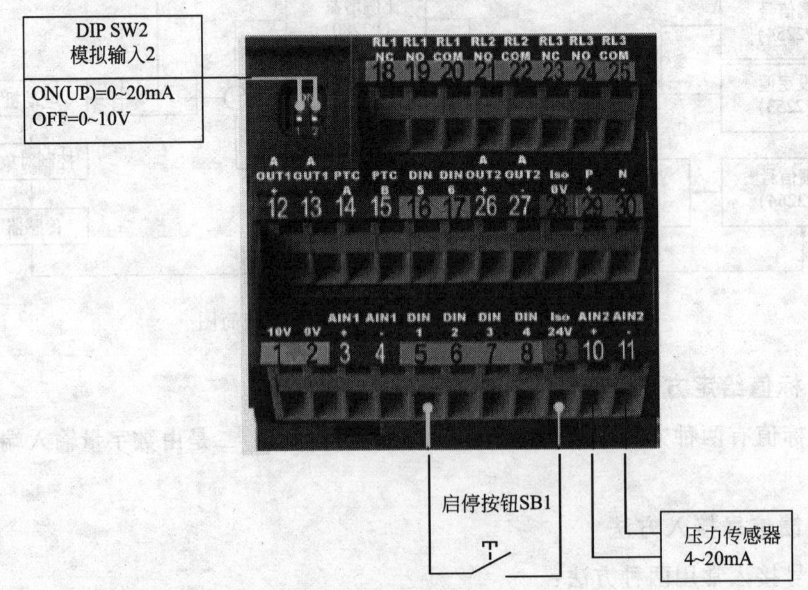

图 2-23　面板设定目标值的 PID 控制端子接线图

二、相关功能参数设置及含义详解

1. 参数设置

(1) 参数复位

设定 P0010＝30 和 P0970＝1，按下 P 键，开始复位。

(2) 设置电动机参数

电动机参数设置如表 2-1 所示。电动机参数设定完成后，设定 P0010＝0，变频器当前处于准备状态，可正常运行。

(3) 设置控制参数

见表 2-15。

表 2-15　控制参数表

参数号	出厂值	设置值	说　明
P0003	1	2	用户访问级为扩展级
P0004	0	0	参数过滤显示全部参数
P0700	2	2	由端子排输入(选择命令源)
* P0701	1	1	端子 DIN1 功能为 ON 接通正转/OFF 停车

续表

参数号	出厂值	设置值	说　明
* P0702	12	0	端子 DIN2 禁用
* P0703	9	0	端子 DIN3 禁用
P0725	1	1	端子 DIN 输入为高电平有效
P1000	2	1	频率设定由 BOP 设置
* P1080	0	20	电动机运行的最低频率(下限频率)(Hz)
* P1082	50	50	电动机运行的最高频率(上限频率)(Hz)
P2200	0	1	PID 控制功能有效

注：标“*”号的参数可根据用户的需要改变，下同。

(4) 设置目标参数

见表 2-16。

表 2-16　目标参数表

参数号	出厂值	设置值	说　明
P0003	1	3	用户访问级为专家级
P0004	0	0	参数过滤显示全部参数
P2253	0	2250	已激活的 PID 设定值(PID 设定值信号源)
* P2240	10	60	由面板 BOP 设定的目标值(%)
* P2254	0	0	无 PID 微调信号源
* P2255	100	100	PID 设定值的增益系数
* P2256	100	0	PID 微调信号增益系数
* P2257	1	1	PID 设定值斜坡上升时间
* P2258	1	1	PID 设定值斜坡下降时间
* P2261	0	0	PID 设定值无滤波

当 P2232=0 允许反向时，可以用面板 BOP 上的▲/▼键设定 P2240 为负值。

(5) 设置反馈参数

见表 2-17。

表 2-17　反馈参数表

参数号	出厂值	设置值	说　明
P0003	1	3	用户访问级为专家级
P0004	0	0	参数过滤显示全部参数
P2264	755.0	755.1	PID 反馈信号由 AIN2+(即模拟输入 2)设定
* P2265	0	0	PID 反馈信号无滤波
* P2267	100	100	PID 反馈信号的上限值(%)
* P2268	0	0	PID 反馈信号的下限值(%)
* P2269	100	100	PID 反馈信号的增益(%)
* P2270	0	0	不用 PID 反馈器的数学模型
* P2271	0	0	PID 传感器的反馈形式为正常

(6) 设置 PID 参数

见表 2-18。

表 2-18 PID 参数表

参数号	出厂值	设置值	说 明
P0003	1	3	用户访问级为专家级
P0004	0	0	参数过滤显示全部参数
* P2280	3	25	PID 比例增益系数
* P2285	0	5	PID 积分时间
* P2291	100	100	PID 输出上限(%)
* P2292	0	0	PID 输出下限(%)
* P2293	1	1	PID 限幅的斜坡上升/下降时间(s)

2. 参数含义详解

(1) 允许 PID 控制器投入 P2200

这一参数允许用户投入/禁止 PID 控制器功能。设定为 1 时，允许投入 PID 闭环控制器。

可能的设定值：

0—禁止投入；

1—允许投入。

说明：PID 设定值的信号源由 P2253 选定。PID 设定值和 PID 反馈信号均以［%］值表示。PID 控制器的输出也以［%］值表示，然后在 PID 功能投入时根据 P2000 的基准频率规格化为［Hz］。

(2) PID-MOP 的设定值 P2240

电动电位计的设定值。允许用户以［%］值的形式设定数字的 PID 设定值。

可能的设定值：

722.0—数字输入 1（要求 P0701 设定为 99，BICO)；

722.1—数字输入 2（要求 P0702 设定为 99，BICO)；

722.2—数字输入 3（要求 P0703 设定为 99，BICO)；

722.3—数字输入 4（经由模拟输入，要求 P0704 设定为 99)；

19.D—键盘的 UP（升速）按钮。

说明：通过以下操作可改变设定值：使用 BOP 上的 UP / DOWN 键；设定 P0702 / P0703 = 13/14（数字输入 2 和 3 的功能）。

(3) PID 设定值信号源 P2253

定义 PID 设定值输入的信号源。

可能的设定值：

755—模拟输入 1；

2224—固定的 PID 设定值（参看 P2201～P2207）；

2250—已激活的 PID 设定值（参看 P2240）。

(4) PID 微调信号源 P2254

选择 PID 设定值的微调信号源。这一信号乘以微调增益系数，并与 PID 设定值相加。

可能的设定值：

755—模拟输入 1；

2224—固定的 PID 设定值（参看 P2201～P2207）；

2250—已激活的 PID 设定值（参看 P2240）。

(5) PID 设定值的增益系数 P2255

这是 PID 设定值的增益系数。输入的设定值乘以增益系数后，使设定值与微调值之间得到一个适当的比率关系。

(6) PID 微调信号的增益系数 P2256

这是 PID 微调信号的增益系数。采用这一增益系数对微调信号进行标定后，再与 PID 主设定值相加。

(7) PID 设定值的斜坡上升时间 P2257

设定 PID 设定值的斜坡上升时间。

(8) PID 设定值的斜坡下降时间 P2258

设定 PID 设定值的斜坡下降时间。

(9) PID 设定值的滤波时间常数 P2261

为平滑 PID 的设定值设定一个时间常数。

(10) PID 反馈信号 P2264

选择 PID 反馈的信号源。

可能的设定值：

755—模拟输入 1 设定值；

2224—PID 固定设定值；

2250—PID-MOP 的输出设定值。

(11) PID 反馈滤波时间常数 P2265

定义 PID 反馈信号滤波器的时间常数。

(12) PID 反馈信号的上限值 P2267

以［%］值的形式设定反馈信号的上限值。

说明：当 PID 控制投入（P2200 = 1），而且反馈信号上升到高于这一最大值时，变频器将因故障 F0222 而跳闸。

(13) PID 反馈信号的下限值 P2268

以［%］值的形式设定反馈信号的下限值。

说明：当 PID 控制投入（P2200 = 1），而且反馈信号下降到低于这一最小值时，变频器将因故障 F0221 而跳闸。

(14) PID 反馈信号的增益 P2269

允许用户对 PID 反馈信号进行标定，以［%］值的形式表示。

(15) PID反馈功能选择器 P2270

选择PID反馈信号回路中采用的数学函数，还可以乘上P2269（PID反馈信号的增益系数）选择的增益系数。

可能的设定值：

0—禁止；

1—平方根；

2—平方；

3—立方。

(16) PID传感器的反馈形式 P2271

允许用户选择PID传感器反馈信号的形式。

可能的设定值：

0—禁止；

1—PID反馈信号反相。

(17) PID比例增益系数 P2280

允许用户设定PID控制器的比例增益系数。

(18) PID积分时间 P2285

设定PID控制器的积分时间常数。

(19) PID输出上限 P2291

设定PID控制器输出的上限幅值，以［%］值表示。

(20) PID输出下限 P2292

设定PID控制器输出的下幅值，以［%］值表示。

(21) PID限幅值的斜坡上升/下降时间 P2293

设定PID输出最大的斜坡曲线斜率。

3. 变频器运行操作

(1) 按下带锁按钮SB1时，变频器数字输入端DIN1为ON，变频器启动电动机。当反馈的电流信号发生改变时，将会引起电动机速度发生变化。

若反馈的电流信号小于目标值12mA（即P2240值），变频器将驱动电动机升速；电动机速度上升又会引起反馈的电流信号变大。当反馈的电流信号大于目标值12mA时，变频器又将驱动电动机降速，从而又使反馈的电流信号变小；当反馈的电流信号小于目标值12mA时，变频器又将驱动电动机升速。如此反复，能使变频器达到一种动态平衡状态，变频器将驱动电动机以一个动态稳定的速度运行。

(2) 如果需要，目标设定值（P2240值）可直接通过按操作面板上的▲/▼键来改变。当设置P2231=1时，由▲/▼键改变了的目标设定值将被保存在内存中。

(3) 放开带锁按钮SB1，数字输入端DIN1为OFF，电动机停止运行。

任务评价

任务评价见表2-19。

表 2-19　任务评价表

序号	考核内容	考核要求	评价标准	配分	扣分	得分
1	电路设计	能根据任务要求设计电路	1. 线路绘制不标准,每处扣 3 分 2. 线路设计错误,每处扣 5 分	20		
2	参数设置	能根据任务要求正确设置变频器参数	1. 参数设置不全,每处扣 5 分 2. 参数设置错误,每处扣 5 分	40		
3	线路连接	能正确使用工具和仪表,按照电路图接线	1. 元件安装不符合要求,每处扣 2 分 2. 接线不规范,每处扣 1 分	20		
4	操作调试	能正确、合理地根据接线和参数设置,现场调试变频器的运行	1. 变频器操作错误,扣 10 分 2. 调试失败,扣 20 分	20		
5	安全文明生产	操作安全规范、环境整洁	违反安全文明生产规程,酌情扣分			

巩固练习

1. 通过调节不同的 PID 参数，实现变频器的 PID 控制。
2. 引入实际系统的传感器检测信号，调节设定值，观察变频器的运行情况。
3. 查阅相关资料，完成利用端子选择目标值方式进行 PID 控制。

任务 2.6　基于 PLC 的变频调速控制

学习目标

1. 掌握 PLC 和变频器多段速频率联机操作方法。
2. 熟悉 PLC 的编程，掌握 PLC 与变频器联机调试方法。

任务要求

1. 基于 PLC 数字量方式与变频器联机，实现三段速运行控制。
2. 电动机的正向启动、反转与停止信号经由三个按钮输入至 PLC 输入端。
3. 完成线路连接及相关参数设置。

相关知识

一、PLC 与变频器的连接方式

PLC 具有体积小、组装灵活、编程简单、抗干扰能力强及可靠性高等诸多优点，PLC 联机控制变频器目前在工业自动化系统中是一种较为常见的应用，PLC 与变频器一般有三种连接方法。

1. 利用 PLC 的模拟量输出模块控制变频器

PLC 的模拟量输出模块输出 0～5V 电压信号或 4～20 mA 电流信号，作为变频器的模拟量输入信号，控制变频器的输出频率，如图 2-24 所示。这种控制方式接线简单，但需要选择与变频器输入阻抗匹配的 PLC 输出模块，且 PLC 的模拟量输出模块价格较为昂贵，此外还需采取分压措施使变频器适应 PLC 的电压信号范围，在连接时注意将布线分开，保证主电路一侧的噪声不传至控制电路。

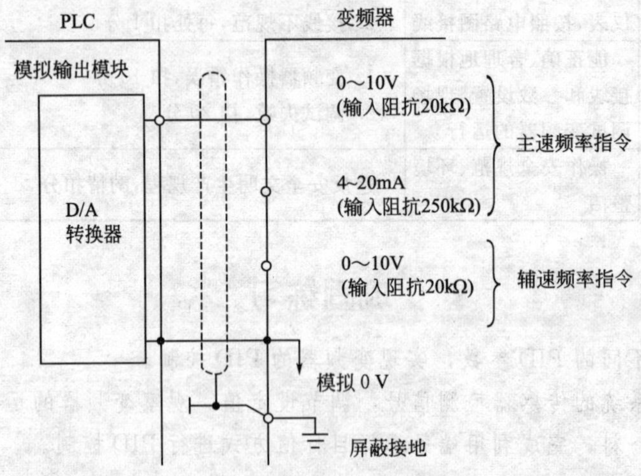

图 2-24　PLC 的模拟量输出模块控制变频器接线图

2. 利用 PLC 的开关量输出控制变频器

PLC 的开关量输出一般可以与变频器的开关量输入端直接相连，如图 2-25 所示。这种控制方式的接线简单，抗干扰能力强。利用 PLC 的开关量输出可以控制变频器的启动/停止、正/反转、点动、转速和加减速时间等，能实现较为复杂的控制要求，但只能有级调速。

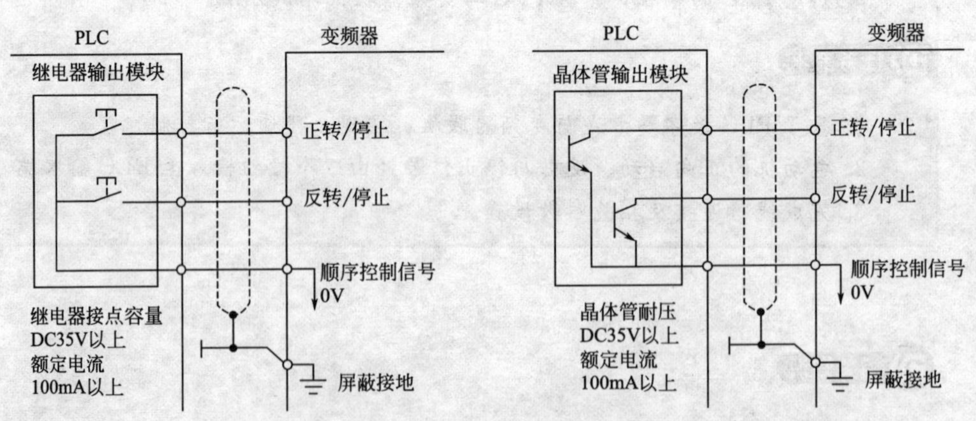

图 2-25　PLC 的开关量输出控制变频器接线图

使用继电器触点进行连接时，可能存在因接触不良而误操作现象；使用晶体管进行连接时，则需要考虑晶体管自身的电压、电流容量等因素，保证系统的可靠性。另外，在设计变频器的输入信号电路时还应该注意到，输入信号电路连接不当，有时也会造成变频器的误动作。例如，当输入信号电路采用继电器等感性负载，继电器开闭时，产生的浪涌电流带来的噪声有可能引起变频器的误动作，应尽量避免。

3. PLC 与 RS-485 通信接口的连接

所有的标准西门子变频器都有一个 RS-485 串行接口（有的也提供 RS-232 接口），采用双线连接，其设计标准适用于工业环境的应用对象。单一的 RS-485 链路最多可以连接 30 台变频器，而且根据各变频器的地址或采用广播信息，都可以找到需要通信的变频器。链路中需要有一个主控制器（主站），而各个变频器则是从属的控制对象（从站）。

采用串行接口有以下优点。

① 大大减少布线的数量。

② 无须重新布线，即可更改控制功能。

③ 可以通过串行接口设置和修改变频器的参数。

④ 可以连续对变频器的特性进行监测和控制。

典型的 RS-485 多站接口如图 2-26 所示。MM440 变频器为 RS-485 接口时，是将端子 14 和 15 分别连接到 P＋和 N－。

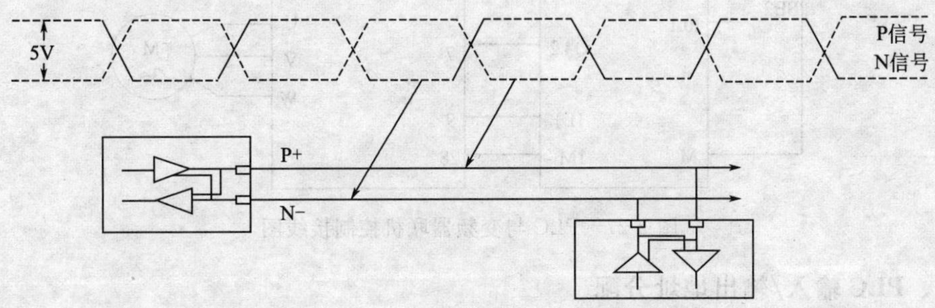

图 2-26　典型的 RS-485 多站接口

PLC 与变频器之间通信需要遵循通用的串行接口协议（USS），按照串行总线的主-从通信原理来确定访问的方法。总线上可以连接一个主站和最多 31 个从站，主站根据通信报文中的地址字符来选择要传输数据的从站，在主站没有要求进行通信时，从站本身不能首先发送数据，各个从站之间也不能直接进行信息的传输。

二、联机注意事项

由于变频器在运行过程中会带来较强的电磁干扰，为保证 PLC 不因变频器主电路断路器及开关器件等产生的噪声而出现故障，在将变频器和 PLC 等上位机配合使用时还必须注意下面几个问题。

① 对 PLC 本体按照规定的标准和接地条件进行接地。此时，应避免和变频器使用共同的接地线，并在接地时尽可能使两者分开。

② 当电源条件不太好时，应在 PLC 的电源模块及输入/输出模块的电源线上接入噪声滤波器和降低噪声使用的变压器等。此外，如有必要在变频器一侧也应采取相应的措施。

③ 当变频器和 PLC 安装在同一控制柜中时，应尽可能使与变频器和 PLC 有关的电线分开。

④ 通过使用屏蔽线和双绞线来抑制噪声。

任务实施

通过 PLC 和 MM440 变频器联机，实现电动机三段速频率运转控制，按下启动按钮 SB1，电动机启动并运行在第一段，频率为 20Hz，延时 5s 后电动机运行在第二段，频率为 45Hz，再延时 20s 后电动机正向运行在第三段，频率为 10 Hz。按下停车按钮，电动机停止运行。

一、线路连接

按图 2-27 连接电路，检查线路正确后，合上变频器电源开关 QS。

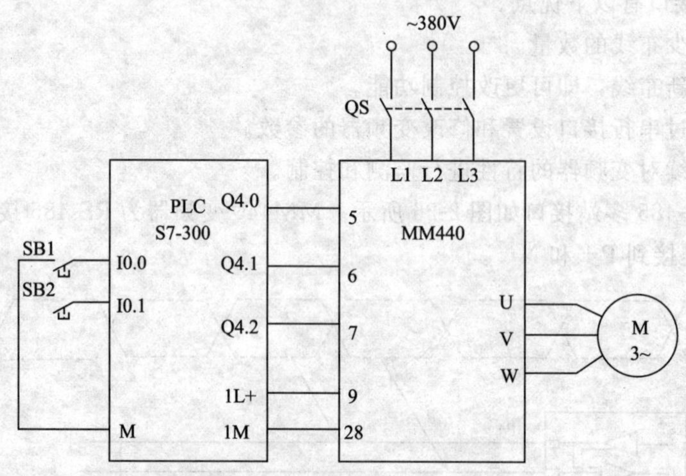

图 2-27　PLC 与变频器联机控制接线图

二、PLC 输入/输出地址分配

变频器 MM440 数字输入端口 DIN1、DIN2 通过参数 P0701、P0702 设为三段固定频率控制端，每一段的频率可分别由 P1001、P1002 和 P1003 参数设置。变频器数字输入端口 DIN3 设为电动机运行、停止控制端，可由 P0703 参数设置。

PLC 输入/输出地址分配见表 2-20。

表 2-20　PLC 输入/输出地址分配表

输入			输出	
电路符号	地址	功能	地址	功能
SB1	I0.0	启动按钮	Q4.0	DIN1
SB2	I0.1	停止按钮	Q4.1	DIN2
			Q4.2	DIN3

三、PLC 程序设计

PLC 运行参考程序如图 2-28 所示。

四、相关功能参数设置及含义详解

1. 参数设置

(1) 参数复位

设定 P0010＝30 和 P0970＝1，按下 P 键，开始复位。

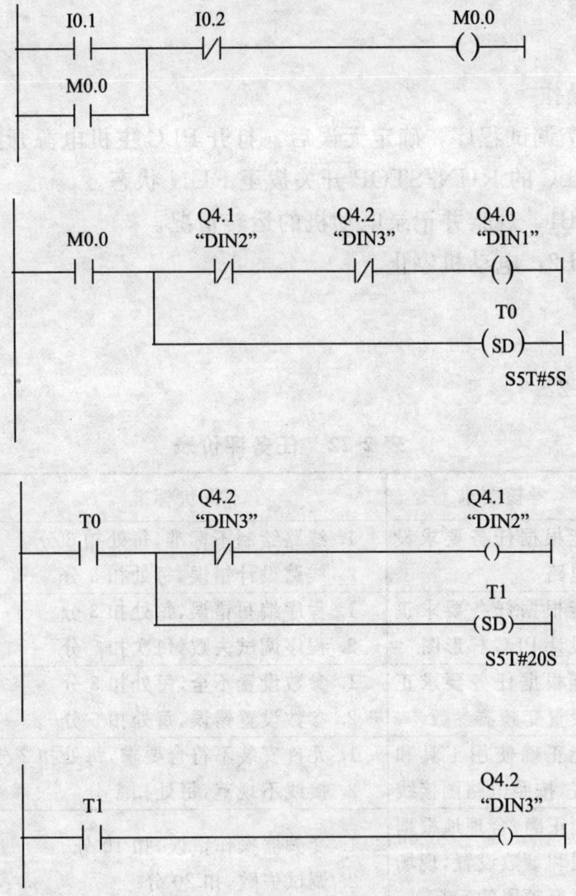

图 2-28　PLC 与变频器联机控制梯形图

(2) 设置电动机参数

电动机参数设置如表 2-1 所示。电动机参数设定完成后，设定 P0010＝0，变频器当前处于准备状态，可正常运行。

(3) 设置 PLC 与变频器联机控制

实现三段固定频率的控制参数见表 2-21。

表 2-21　PLC 与变频器联机控制参数

参数号	出厂值	设置值	说　明
P0003	1	3	设用户访问级为专家级
P0004	0	0	全部参数
P0700	2	2	命令源选择由端子排输入
P0701	1	16	选择固定频率
P0702	12	16	选择固定频率
P0703	9	16	选择固定频率
P1000	2	3	选择固定频率设定值
P1001	0	20	选择固定频率 1(Hz)
P1002	5	45	选择固定频率 2(Hz)
P1003	10	10	选择固定频率 3(Hz)

2. 参数含义详解

略。

3. 变频器运行操作

（1）利用STEP7调试程序，确定无误后，打开PLC主机电源开关，下载程序至PLC中，下载完毕后将PLC的RUN/STOP开关拨至RUN状态。

（2）按下按钮SB1，观察并记录电动机的运转情况。

（3）按下按钮SB2，电动机停止。

任务评价

任务评价见表2-22。

表2-22　任务评价表

序号	考核内容	考核要求	评价标准	配分	扣分	得分
1	电路设计	能根据任务要求设计电路	1. 线路绘制不标准，每处扣3分 2. 线路设计错误，每处扣5分	20		
2	程序设计	能根据任务要求正确设计PLC梯形图	1. 程序编写错误，每处扣3分 2. 程序调试失败，每次扣5分	20		
3	参数设置	能根据任务要求正确设置变频器参数	1. 参数设置不全，每处扣5分 2. 参数设置错误，每处扣5分	20		
4	线路连接	能正确使用工具和仪表，按照电路图接线	1. 元件安装不符合要求，每处扣2分 2. 接线不规范，每处扣1分	20		
5	操作调试	能正确、合理地根据接线和参数设置，现场调试变频器的运行	1. 变频器操作错误，扣10分 2. 调试失败，扣20分	20		
6	安全文明生产	操作安全规范、环境整洁	违反安全文明生产规程，酌情扣分			

巩固练习

用PLC和变频器联机实现电动机七段速度运行。对应七段频率依次为：第1段频率10Hz；第2段频率20Hz；第3段频率40Hz；第4段频率50Hz；第5段频率−20Hz；第6段频率−40Hz；第7段频率20Hz。设计出电路原理图，写出PLC控制程序和相应参数设置。

项目三　变频器安装与维护

任务 3.1　变频器的选用与安装

学习目标

1. 了解负载的类型及其特点。
2. 了解拖动系统的组成。
3. 掌握变频器的选择方法。
4. 了解变频器的安装条件和安装方法。
5. 了解变频器的接线。
6. 了解变频器的干扰及其抗干扰措施。

任务要求

1. 安装 MM440 变频器。
2. 对变频器进行布线。

相关知识

一、变频器的选用

1. 负载的类型及拖动系统

在电力拖动系统中，存在两个主要转矩：一个是生产机械的负载转矩 T_L；一个是电动机的电磁转矩 T。这两个转矩与转速之间的关系分别称为负载的机械特性 $n=f(T_L)$ 和电动机的机械特性 $n=f(T)$。电力拖动系统的稳态工作情况取决于电动机和负载的机械特性，因此选择变频器，合理地配置一个电力拖动系统，首先要了解负载的机械特性。不同负载的机械特性和性能要求是不同的，一般可以将其归纳为以下几种类型。

(1) 恒转矩负载及其特性

恒转矩负载是指负载转矩的大小仅仅取决于负载的轻重，与转速大小无关。带式输送机就是恒转矩负载的典型例子之一，如图 3-1(a) 所示。

① 机械特性。恒转矩负载的 T_L＝常数，其机械特性如图 3-1(b) 所示。

② 功率特性。根据负载的功率 P_L 和转矩 T_L、转速之间的关系，有 $P_L=T_Ln_L/9550$，即负载功率与转速成正比，其负载功率特性如图 3-1(c) 所示。

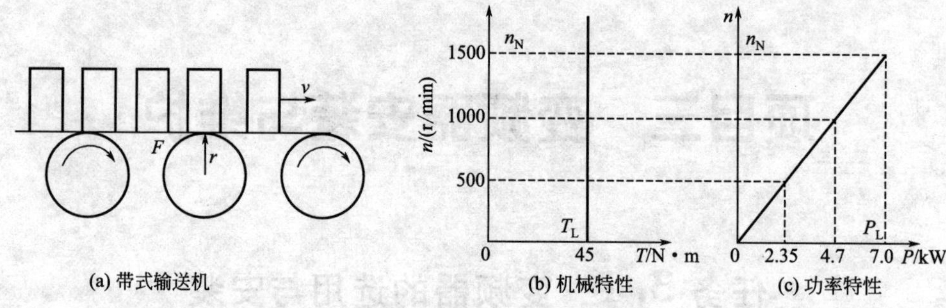

图 3-1　恒转矩负载及其特性

(2) 恒功率负载及其特性

恒功率负载是指负载转矩的大小与转速成反比，而其功率基本维持不变的负载。各种卷取机械就是恒功率负载的典型例子，如图 3-2(a) 所示。

① 机械特性。根据负载的功率 P_L 和转矩 T_L、转速之间的关系，有 $T_L=9550P_L/n_L$，即负载转矩与转速成反比，其机械特性如图 3-2(b) 所示。

② 功率特性。在不同转速下，负载的功率 P_L 基本恒定，与转速的高低无关，即 P_L＝常数。其负载功率特性如图 3-2(c) 所示。

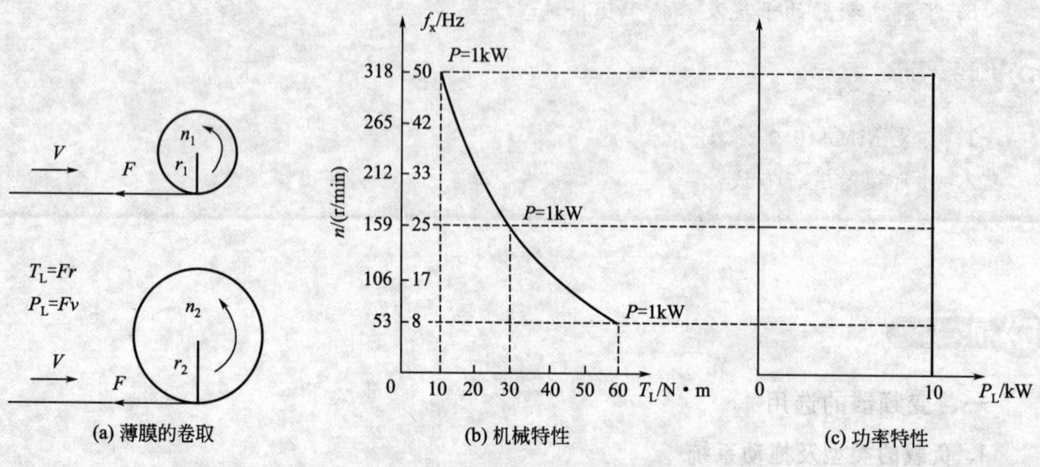

图 3-2　恒功率负载及其特性

(3) 二次方律负载及其特性

二次方律负载是指转矩与速度的 2 次方成正比例变换的负载，例如，风扇、风机、泵、螺旋桨等机械的负载转矩，如图 3-3(a) 所示。

此类负载在低速时，由于流体的流速低，所以负载转矩很小，随着电动机转速的增加，流速增快，负载转矩和功率也越来越大，负载转矩 T_L 和功率 P_L 可以用式 (3-1)、式 (3-2) 表示：

$$T_L=T_0+K_T n_L^2 \tag{3-1}$$

$$P_L=P_0+K_P n_L^3 \tag{3-2}$$

式中，T_0、P_0 分别为电动机轴的转矩损耗和功率损耗；K_T、K_P 分别为二次方律负载的转矩常数和功率常数。

二次方律负载的机械特性和功率特性如图 3-3(b)、(c) 所示。

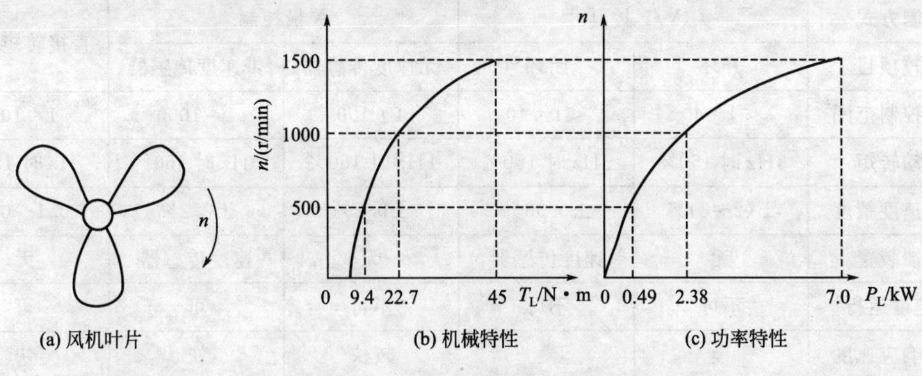

图 3-3　二次方律负载及其特性

(4) 拖动系统

由电动机带动生产机械运行的系统称为电力拖动系统，一般由电动机、传动结构、生产机械、控制系统等部分组成。

① 电动机及其控制系统。电动机是拖动生产机械的原动力；控制系统主要包括电动机的启动、调速、制动等相关环节的设备和电路。在变频调速控制系统中，用于控制电动机的就是变频器。

② 传动机构。传动机构是用来将电动机的转矩传递给工作机械的装置。大多数的传动机构都具有变速功能，常见的传动机构有带与带轮、齿轮变速箱、蜗轮与涡杆、联轴器等。

③ 生产机械。生产机械是拖动系统的服务对象，对拖动系统工作情况的评价，将首先取决于生产机械的要求是否得到了充分满足。同样，设计一个拖动系统最原始的数据也是由生产机械提供的。

2. 变频器的选择

变频器选择的依据主要是功能、容量、质量等性能指标是否能满足工程要求，其次是产品的品牌、价格等。各种因素综合平衡之后，在满足需要的前提下对变频器的品牌、型号进行选择。

(1) 变频器控制方式的选择

目前市场上出售的变频器种类繁多，功能也日益强大，变频器的性能也越来越成为调速性能优劣的决定因素。除了变频器本身制造工艺的“先天”条件外，对变频器采用什么样的控制方式也非常重要。

表 3-1 综述了近年来各种变频器控制方式的性能特点。根据负载特性选用不同的控制方法，就可以得到不同性能特点的调速特性。

(2) 变频器防护结构的选择

变频器的防护结构要与其安装环境相适应，这就要考虑环境温度、湿度、粉尘、酸碱度、腐蚀性气体等因素，这对变频器能否长期、安全、可靠运行关系重大。大多数变频器厂商可提供以下几种常用的防护结构供用户选用。

① 开放型。从正面保护人体不能触摸到变频器内部的带电部分，适用于安装在电控

表 3-1　变频器控制方式的性能特点

控制方式		V/F 控制		矢量控制		直接转矩控制
比较项目		开环	闭环	无速度传感器	带速度传感器	
速度控制范围		<1：40	<1：40	1：100	1：1000	1：100
启动转矩		3Hz 时 150%	3Hz 时 150%	1Hz 时 150%	0Hz 时 150%	0Hz 时 150%
静态速度精度		±(2～3)%	±0.03%	±0.2%	±0.2%	±(0.1～0.5)%
反馈装置		无	速度传感器	无	速度传感器	无
零速度运行		不可	不可	不可	可	可
控制响应速度		慢	慢	较快	快	快
特点	优点	结构简单，调节容易，可用于通用笼型异步电动机	结构简单，调速精度高，可用于通用笼型异步电动机	不需要速度传感器，力矩响应好，速度控制范围广，结构较简单	力矩控制性能良好，力矩响应好，调速精度高，速度控制范围广	不需要速度传感器，力矩响应好，速度控制范围广，结构较简单
	缺点	低速力矩难保证，不能进行力矩控制，调速范围小	低速力矩难保证，不能进行力矩控制，调速范围小，要增加速度传感器	需设定电动机参数，需要有自动测试功能	需设定电动机参数，需要有自动测试功能，需要高精度速度传感器	需设定电动机参数，需要有自动测试功能
主要应用场合		一般风机、泵类节能调速或一台变频器带多台电动机场合	用于保持压力、温度、流量、pH 定值等过程控制场合	一般工业设备、大多数调速场合	要求精确控制力矩和速度的高动态性能应用场合	要求精确控制力矩和速度的高动态性能应用场合，如起重机、电梯、轧机等

柜内或电气室内的屏、盘、架上，尤其是多台变额器集中使用较好。但它对安装环境要求较高。

②封闭型。这种防护结构的变频器四周都有外罩，可在建筑物内的墙上壁挂式安装，适用于大多数的室内安装环境。

③密封型。它适用于工业现场环境条件较差的场合。

④密闭型。它具有防尘、防水的防护结构，适用于工业现场环境条件差，有水淋、粉尘及一定腐蚀性气体的场合。

(3) 变频器容量的选择

实际应用中要合理选择变频器的容量，一般选择变频器的容量等于电动机的容量即可。但空气压缩机、深水泵、泥沙泵、快速变化的音乐喷泉等负载，由于电动机工作时冲击电流很大，所以选择时应留有一定的裕量。

对新设计系统，可先计算出电动机容量，然后再根据电动机的工作性质选择变频器容量。

变频器的容量一般可以从三个角度来表示：额定电流、电动机的额定功率和额定视在功率。不管是哪一种表示方法，归根到底还是对变频器额定电流的选择，应结合实际情况，根据电动机有可能向变频器吸收的电流来决定。变频器的额定电流是反映变频器负载能力的关键量，负载电流不超过变频器的额定电流是选择变频器容量的基本原则。下面是几种不同情况下变频器的容量计算与选择方法。

① 轻载启动或连续运转时所需的变频器容量的计算。由于变频器的输出电压、电流中含有高次谐波，电动机的功率因数、效率有所下降，电流约增加10%，因此变频器的容量（输出电流）可按式（3-3）计算：

$$I_{CN} \geqslant 1.1 I_M \tag{3-3}$$

式中，I_{CN}为变频器的额定输出电流（A），下同；I_M为电动机的额定电流（A），下同。

② 重载启动或频繁启动、制动运行时变频器容量的计算。此时容量的计算可按式（3-4）确定：

$$I_{CN} \geqslant (1.2 \sim 1.3)\ I_M \tag{3-4}$$

③ 加减速时变频器容量的计算。变频器的最大输出转矩是由变频器的最大输出电流决定的。一般情况下，对于短时的加减速而言，变频器允许达到额定输出电流的130%～150%（持续时间约1min），电动机中流过的电流不会超过此值。

如只需要较小的加减速转矩时，则可降低选择变频器的容量。由于电流的脉动原因，也应该留有10%的裕量。

④ 频繁加减速运转时变频器容量的计算。根据加速、恒速、减速等各种运行状态下的电流值，按式（3-5）确定：

$$I_{CN} \geqslant k \frac{I_1 t_1 + I_2 t_2 + \cdots I_n t_n}{t_1 + t_2 + \cdots + t_n} \tag{3-5}$$

式中，I_1、I_2、…、I_n为各运行状态下平均电流（A）；t_1、t_2、…、t_n为各运行状态下的时间（s）；k为安全系数（运行频繁时取1.2，其他条件下为1.1）。

⑤ 多台电动机并联运行共用一台变频器时容量的计算。用一台变频器使多台电动机并联运转时，对于一小部分电动机开始启动后，再追加投入其他电动机启动的场合，此时变频器的电压、频率已经上升，追加投入的电动机将产生大的启动电流，因此，变频器容量与同时启动时相比需要大些。

以变频器短时过载能力为150%、1min为例计算变频器的容量，若电动机加速时间在1min以内，需满足式（3-6）、式（3-7）：

$$P_{CN} \geqslant \frac{2K_0 P_E}{3\eta\cos\varphi}[N_t + N_s(k_s - 1)] \tag{3-6}$$

$$I_{CN} \geqslant \frac{2}{3} I_M [N_t + N_s(k_s - 1)] \tag{3-7}$$

若电动机加速时间在1min以上时，则需满足式（3-8）、式（3-9）：

$$P_{CN} \geqslant \frac{K_0 P_E}{\eta\cos\varphi}[N_t + N_s(k_s - 1)] \tag{3-8}$$

$$I_{CN} \geqslant I_M [N_t + N_s(k_s - 1)] \tag{3-9}$$

式中，P_{CN}为变频器的额定容量，kV·A；P_E为电动机输出功率，kW；η为电动机的效率，通常约为0.85；$\cos\varphi$为电动机功率因数，通常约为0.75；N_t为电动机并联的台数；

N_s 为电动机同时启动的台数；k_s 为变频器的额定容量，kV·A。

3. 变频器选型注意事项

在实际应用中，变频器的选用不仅包含前述内容，还应注意以下一些事项。

① 具体选择变频器容量时，既要充分利用变频器的过载能力，又要不至于在负载运行时使装置超温。

② 选择变频器的容量要考虑负载性质。即使相同功率的电动机，负载性质不同，所需变频器的容量也不相同。其中，二次方律转矩负载所需的变频器容量较恒转矩负载的低。

③ 在传动惯量、启动转矩大，或电动机带负载且要正反转运行的情况下，变频器的功率应加大一级。

④ 要根据使用环境条件、电网电压等仔细考虑变频器的选型。如高海拔地区因空气密度降低，散热器不能达到额定散热器效果，一般在 1000m 以上，每增加 100m，容量下降 10%，必要时可加大容量等级，以免变频器过热。

⑤ 使用场所不同需对变频器的防护等级作选择，常见 IP10、IP20、IP30、IP40 等级分别能防止 ϕ50、ϕ12、ϕ2.5、ϕ1 固体物进入。

⑥ 矢量控制方式只能对应一台变频器驱动一台电动机。

二、变频器的安装

变频器属于精密设备，为了确保其能够长期、安全、可靠地运行，安装时需充分考虑变频器工作场所的条件。

(1) 安装场所

安装变频器的场所应具备以下条件。

① 无易燃、易爆、腐蚀性气体和液体，粉尘少。

② 结构房或电气室应湿气少，无水浸。

③ 变频器易于安装，并有足够的空间便于维修检查。

④ 应备有通风口或换气装置，以排出变频器产生的热量。

⑤ 应与易受变频器产生的高次谐波和无线电干扰影响的装置隔离。

⑥ 若安装在室外，需单独按照户外配电装置设置。

(2) 使用环境

变频器长期、安全、可靠运行的条件有以下方面。

① 环境湿度。变频器的运行温度多为 0～40℃或－10～50℃，要注意变频器柜体的通风性。

② 环境湿度。变频器的周围湿度为 90%以下。周围湿度过高，存在电气绝缘能力降低和金属部分的腐蚀问题。如果受安装场所的限制，变频器不得已安装在湿度高的场所，变频器的柜体应尽量采用密封结构。为防止变频器停止时结露，有时装置需加对流加热器。

③ 振动。安装场所的振动加速度应限制在 0.6g 以内，超过变频器的容许值时，将产生部件的紧固部分松动以及继电器和接触器等的可动部分器件误动作，往往导致变频器不能稳定运行。对于机床、船舶等事先能预见的振动场合，应考虑变频器的振动

问题。

④ 海拔。变频器的安装场所一般在海拔 1000m 以下，超高则气压降低，容易使绝缘破坏。对于进口变频器，一般绝缘耐压以海拔 1000m 为基准，在 1500m 降低 5%，在 3000m 降低 20%。

(3) 安装方式

安装变频器时，常见的安装方式及注意事项包括以下几方面。

① 为了便于通风，便于变频器散热，变频器应该垂直安装，不可倒置或平放安装。另外，四周要保留一定的空间距离。

② 变频器工作时，其散热片附近的温度可高达 90℃，故变频器的安装底板与背面需为耐温材料。

③ 变频器安装在柜内时，要注意充分通风与散热，避免超过变额器的最高允许温度。

三、变频器的接线

(1) 主电路接线

主电路的接线方法如图 3-4 所示。图中，QF 是空气断路器，KM 是接触器触点。R、S、T 是变频器的输入端，接电源进线。U、V、W 是变频器的输出端，与电动机相接。必须注意的是，变频器的输入端 R、S、T 和输出端 U、V、W 绝对不允许接错。如果输入电源接到了 U、V、W 端，则不管哪个逆变管导通，都将引起两相间的短路而将逆变管迅速烧坏。

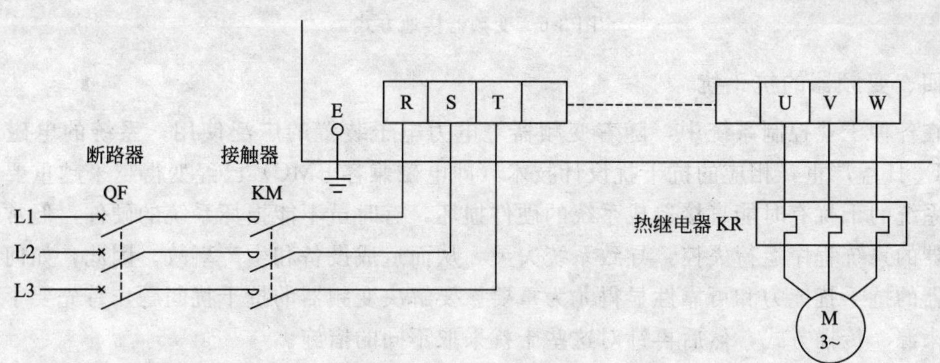

图 3-4 主电路接线图

(2) 控制电路接线

① 模拟量控制线。模拟量控制线主要包括：输入侧的频率给定信号线和反馈信号线；输出侧的频率给定信号线和电流信号线。

由于模拟量信号的抗干扰能力较低，因此必须采用屏蔽线，屏蔽层靠近变频器的一侧，接到控制电路的公共端（COM），而不要接到变频器的地端（E）或大地，屏蔽层的另一端悬空，如图 3-5 所示。

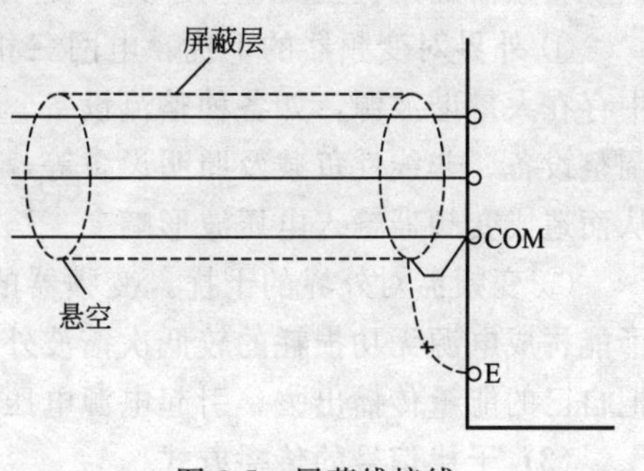

图 3-5 屏蔽线接线

另外，布线时还应遵守以下原则：尽量远离主电路，至少在100mm以上；尽量不和主电路交叉，如果要交叉，应采取垂直交叉的方式。

② 开关量控制线。开关量控制线主要包括：启动、点动、多挡速控制线。一般而言，开关量控制线的布线可参照模拟信号线。另外，由于开关量信号的抗干扰能力较强，所以在近距离时，可以不采用屏蔽线，但同一信号的两根线必须绞合在一起。如果操作台离变频器较远，应先将控制信号转换成能远距离传送的信号，然后在变频器一侧再将该信号转换成变频器所要求的信号。

（3）接地

为防止漏电、干扰侵入或辐射、雷击等因素，必须保证变频器可靠接地，布线时应注意以下事项。

① 所有变频器都有一个接地端子“E”，接线时应将此端子与大地相接，如图3-6(a)所示。

② 变频器和其他设备或多台变频器一起接地时，每台设备应分别与大地相接，如图3-6(b) 所示。

③ 尽可能缩短接地线，接地电阻应小于或等于国家标准规定值。

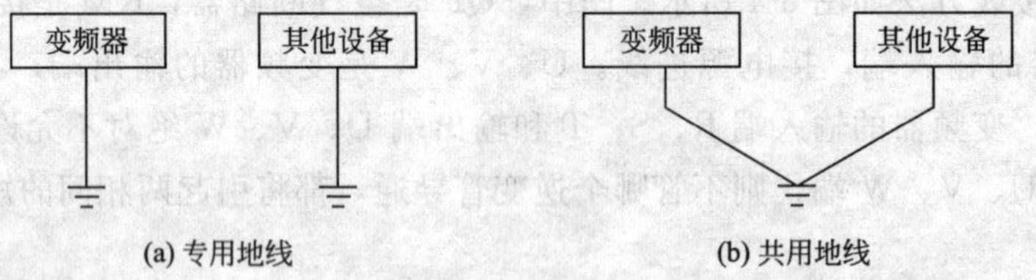

图 3-6　变频器接地方式

四、变频器的抗干扰

在各种工业控制系统中，随着变频器等电力电子装置的广泛使用，系统的电磁干扰（EMI）日益严重，相应的抗干扰设计技术（即电磁兼容EMC）已经变得越来越重要。变频器系统的干扰有时能直接造成系统的硬件损坏，有时虽不能损坏系统的硬件，但常使微处理器的系统程序运行失控，导致系统失灵，从而造成设备和生产事故。因此，如何提高变频器的抗干扰能力和可靠性显得尤为重要。要解决变频器的抗干扰问题，首先要了解干扰的来源、传播方式，然后再针对这些干扰采取不同的措施。

（1）变频器的干扰

变频器的干扰主要包括外界对变频器的干扰以及变频器对外界的干扰两种情况。

① 外界对变频器的干扰。电网三相电压不平衡造成变频器输入电流发生畸变；电网中存在大量谐波源，如各种整流设备、功率因数补偿电容器、交直流互换设备、电子电压调整设备、非线性负载及照明设备等，这些负荷都使电网中的电压、电流产生波形畸变，从而造成变频器输入电压波形畸变。

② 变频器对外界的干扰。变频器的输入和输出电流中，含有很多高次谐波成分。除了能构成电源无功损耗的较低次谐波外，还有许多频率很高的谐波成分。它们以各种方式把自己的能量传播出去，引起电源电压波形的畸变，影响其他设备的工作。

（2）干扰信号的传播方式

变频器能产生功率较大的谐波，其干扰传播方式与一般电磁干扰的传播方式是一致的，主要分传导（也称电路耦合）、感应耦合、电磁辐射。

① 传导方式。通过电源网络传播。由于输入电流为非正弦波，当变频器的容量较大时，将使网络电压产生畸变，影响其他设备工作，同时输出端产生的传导干扰使直接驱动的电动机铜损、铁损大幅增加，影响电动机的运转特性。显然，这是变频器输入电流干扰信号的主要传播方式。

② 感应耦合方式。当变频器的输入电路或输出电路与其他设备的电路挨得很近时，变频器的高次谐波信号将通过感应的方式耦合到其他设备中去。感应的方式又有两种：电磁感应方式，这是电流干扰信号的主要方式；静电感应方式，这是电压干扰信号的主要方式。

③ 电磁辐射方式。即以电磁波方式向空中辐射，这是频率很高的谐波分量的主要传播方式。

（3）抗干扰措施

为防止干扰，可采用硬件抗干扰和软件抗干扰等措施。其中，硬件抗干扰是应用系统最基本和最重要的抗干扰措施，一般从抗和防两方面入手来抑制干扰，其总原则是抑制和消除干扰源、切断干扰对系统的耦合通道、降低系统干扰信号的敏感性。具体措施在工程上可采用隔离、滤波、屏蔽、接地等方法。

① 变频系统的供电电源与其他设备的供电电源相互独立，或在变频器和其他用电设备的输入侧安装隔离变压器，切断谐波电流。

② 在变频器输入侧与输出侧串接合适的电抗器，或安装谐波滤波器，滤波器的组成必须是 LC 型，吸收谐波和增大电源或负载的阻抗，达到抑制谐波的目的。

③ 电动机和变频器之间的电缆应穿钢管敷设或用铠装电缆，并与其他弱电信号在不同的电缆沟分别敷设，避免辐射干扰。

④ 信号线采用屏蔽线，且布线时与变频器主回路控制线错开一定距离（至少 20cm 以上），切断辐射干扰。

⑤ 对于电磁辐射方式传播的干扰信号，主要通过由高频电容构成的滤波器来吸收消弱，它能吸收掉频率很高的、具有辐射能量的谐波成分。

⑥ 变频器使用专用接地线，且用粗短线接地，邻近其他电器设备的地线必须与变频器配线分开，使用短线。

任务实施

依据安装及布线方法完成 MM440 变频器的安装与布线。

任务评价

任务评价见表 3-2。

表 3-2　任务评价表

序号	考核内容	考核要求	评价标准	配分	扣分	得分
1	安装	能根据手册正确安装变频器	1. 安装不符合标准，每处扣 3 分 2. 安装错误，每处扣 5 分	40		
2	线路连接	能正确使用工具和仪表，按照线路图接线	1. 接线不规范，每处扣 3 分 2. 接线错误，每处扣 5 分	40		
3	安全文明生产	操作安全规范、环境整洁	违反安全文明生产规程，酌情扣分	20		

巩固练习

1. 常见的负载类型有几种？说明各种类型的特点。
2. 采用了矢量控制后，在0Hz时也能产生转矩吗？
3. 哪些情况不能使用矢量控制方式？
4. 多台变频器共用一台控制柜安装时应注意哪些问题？
5. 变频器为什么要垂直安装？
6. 变频器在实际应用中常用的抗干扰措施有哪些？

任务 3.2 变频器的调试与维护

学习目标

1. 掌握变频器的调试方法。
2. 了解变频器一般故障及其分析处理方法。
3. 能够进行变频器日常维护与检查。

任务要求

完成日常维护与定期检查表格填写。

相关知识

一、变频器的检查与调试

变频器从生产工厂经运输、销售最后到达用户，要经过多个环节，在此过程中很难保证不出任何问题。因此，用户在收到变频器时，必须进行必要的验收和测试。

1. 通电前检查

首先检查变频器的型号、规格是否有误，随机附件及说明书是否齐全，还要检查外观是否有破损、缺陷，零器件是否有松动，端子之间、外露导电部分是否有断路、接地现象。特别需要检查是否有下述接线错误。

① 输出端子（U、V、W）是否误接电源线。

② 制动单元用端子是否误接制动单元放电电阻以外的导线。

③ 屏蔽线的屏蔽部分是否按照使用说明书的规定正确连接。

2. 通电与预置

一台新变频器在通电时，输出端可先不接电动机，进行各种功能参数的设置。

① 熟悉操作面板，了解面板上各按键的功能，进行试操作，并观察显示屏的变化情况。

② 按说明书要求进行启动和停止等基本操作，观察变频器的工作情况是否正常，进

一步熟悉操作面板的操作要领。

③ 进行功能预置。按变频器说明书上介绍的功能预置方法和步骤进行所需功能码的设置。预置完毕，先通过几个较容易观察的项目，如升速和降速时间、点动频率、多挡速度等检查变频器执行情况，判断其是否与预置相吻合。

④ 将外接输入控制线接好，逐项检查外接控制功能的执行情况。

⑤ 检查三相输出电压是否平衡。如果出现不平衡的情况，除了逆变器各相大功率开关器件的管压降不一致以外，主要是由于三相电压 PWM 波半个周期中的脉冲个数、占空比及分布不同而引起的。由 GTR（BJT）所构成的逆变器由于载波低，在低频阶段半个周期的脉冲个数少，这些因素的存在会造成各相输出电压不对称。而由 IGBT 或 MOSFET 构成的逆变器载波高，上述原因对其输出电压影响不大。从这个角度讲，IGBT 逆变器比 GTR（BJT）逆变器性能优越。

3. 带电动机空载试验

变频器输出端子接电动机，但电动机与负载脱开，然后进行通电试验。这样做的目的是观察变频器接上电动机后的工作情况，同时校准电动机的旋转方向。试验的主要内容如下：

① 综合考虑电动机的功率、极数以及变频器的工作电流、容量和功率，根据系统的工作状况要求来选择设定功率和过载保护值。

② 设定变频器的最大输出频率、基频，设置转矩特征，如果是风机和泵类负载，要将变频器的转矩代码设置成变转矩和降转矩运行特性。

③ 设置变频器的操作模式，按运行键、停止键观察电动机是否正常启动、停止。

④ 掌握变频器的故障代码，观察热保护继电器的出厂值，并观察过载保护的设定值，需要时可以修改。

变频器的空载试验步骤如下：

① 合上电源后，先将频率设置为 0，然后缓慢增大工作频率，观察电动机起转情况，并确认其旋转方向是否正确。

② 使频率上升至额定频率，让电动机运行一段时间。如果一切正常，再选若干个常用的工作频率，使电动机在该频率下运行一段时间。

③ 将给定频率信号突降至零（或按停止按钮），观察电动机的制动情况。

4. 带负载调试

将电动机输出轴与机械的传动装置连接，进行试验。

手动操作变频器面板的运行和停止键，观察电动机运行和停止过程及变频器的显示窗，看是否有异常现象；如果启动/停止电动机过程中，变频器过电流保护动作，需重新设定加减速时间。启停试验的具体做法是：使工作频率从 0Hz 开始慢慢增加，观察拖动系统能否起转，并观察电动机在多个频率下起转的情况；如果起转比较困难，应设法加大启动转矩或采取其他措施。变频器拖动电动机在启动过程中达不到预设速度，可能有以下两种情况。

① 系统发生机电共振，可以通过电动机运转的声音进行判断。采用设置频率跳跃值的方法，可以避开共振点，一般变频器能设定三级跳跃点。

② 电动机的转矩输出能力不够。电动机带负载能力不同，可能有以下原因：不同品牌变频器出厂参数设置不同，变频器控制方法不同，系统的输出效率不同。这种情况下，可以增加转矩提升量，如果达不到要求，可用手动转矩提升功能，但设定值不能过大，此时温升会增加。如果仍然达不到要求，可改用新的控制方法。例如，采用 U/f 比恒定方法启动达不到要求时，改用矢量控制方法，能获得更大的转矩输出能力。

在整个拖动系统的升速过程中，因启动电流过大而跳闸，则应适当延长升速时间。如在某一速度段启动电流偏大，则可通过改变启动方式（S形、半S形等）来解决。如果变频器仍存在运行故障，可增加最大电流的保护值，但不能取消保护，应留有至少10%～20%的保护裕量。

停机试验时，将运行频率调至最高工作频率，按停止键，观察拖动系统的停机过程。观察是否出现因过电压或过电流而跳闸的情况，如有，则应适当延长降速时间。观察输出频率为0Hz时拖动系统是否有爬行现象，如有，则应适当加入直流制动。

负载试验的主要内容如下：

① 如 $f_{max} \geq f_N$，则应进行最高频率时的带负载能力试验，即在正常负载下，最高频率能否驱动。

② 应考虑电动机在负载最低工作频率下的发热情况，使拖动系统工作在负载所要求的最低转速下。在该转速下施加最大负载，按负载所要求的连续运行时间进行低速连续运行，观察电动机的发热情况。

③ 过载试验可按负载可能过载情况及持续时间进行试验，观察拖动系统能否继续工作。

二、变频器的维护与故障处理

1. 变频器日常维护与检查

(1) 日常检查

变频器的日常维护与保养是变频器安全工作的保障。由于长期使用以及温度、湿度、振动、粉尘等的影响，变频器的性能会有一些变化。如果使用合理，日常维护工作做得好，问题可及时发现和处理，可使变频器长期工作在最佳状态，减少停机故障的发生，提高变频器的使用效率。

变频器在日常运行中，可不取下变频器外盖，通过耳听、目测、触感和气味等判断变频器的运行状态，观察有无异常情况。通常检查以下内容。

① 周围环境、温度、湿度是否符合要求。

② 变频器的进风口和出风口有无积尘，是否被积尘堵死。

③ 变频器的噪声、振动、气味是否在正常范围之内。

④ 变频器运行参数及面板显示是否正常。

(2) 定期检查

变频器需作检查时，要先停止运行，切断电源，打开机壳，然后再进行。但必须注意，即使变频器切断了电源，主电路直流部分滤波电容放电也需要一定时间，应在充电指示熄灭后，用万用表或其他仪表确认直流电压已降到安全电压以下，然后再进行检查。可按表3-3所列内容进行检查。

表 3-3　定期检查一览表

检查部分		检查项目	检查方法	判定标准
周围环境		①确认环境温度、振动，有无灰尘、气体、油雾、水滴等 ②周围有无旋转工具等异物和危险品	①目视和仪器测量 ②目视	①符合技术规范 ②没放置
键盘显示面板		①显示清楚 ②不缺少字符	目视	能读显示，没有异常
框架、盖板等结构		①没有异常声音、异常振动 ②螺栓等紧固件没有松动和脱落 ③没有变形损坏 ④没有由于过热而变色的现象 ⑤没有附着灰尘、污损	①目视、听觉 ②拧紧 ③④⑤目视	①②③④⑤没有异常
主电路	公共	①螺栓等没有松动和脱落 ②机器、绝缘体没有变形、裂纹、破损，或由于过热和老化而变色的现象 ③没有附着灰尘、污损	①拧紧 ②③目视	①②③没有异常
	导体、导线	①导体没有由于过热而变色和变形 ②电线护层没有破裂和变色	目视	没有异常
	端子台	没有损伤	目视	
	滤波电容器	①没有漏液、变色、裂纹和外壳膨胀 ②安全阀没有出来，阀体没有显著膨胀 ③按照需要测量静电容量	①②目视 ③根据维护信息判断寿命	①②没有异常 ③静电容量不小于初始值的0.85倍
	电阻	①没有由于过热产生异味和绝缘体开裂 ②没有断线	①嗅觉、目视 ②目视或卸开一端的连接，用万用表测量	①没有异常 ②电阻值在±10%标称值以内
	变电器、电抗器	没有异常的振动声和异味	听觉、目视、嗅觉	没有异常
	电磁接触器、继电器	①工作时没有振动声音 ②触点接触良好	①听觉 ②目视	①②没有异常
控制电路	控制印制电路板、连接器	①螺钉和连接器没有松动 ②没有异味和变色 ③没有裂缝、破损、变形、显著锈蚀 ④电容器没有漏液和变形痕迹	①拧紧 ②嗅觉、目视 ③目视 ④目视并根据维护信息判断寿命	①②③④没有异常
冷却系统	冷却风扇	①没有异常声音和异常振动 ②螺栓等没有松动 ③没有由于过热而变色	①听觉、目视、用手转动（须切断电源） ②拧紧 ③目视	①旋转平衡 ②③没有异常
	通风道	散热片和进气、排气口没有堵塞和附着异物	目视	没有异常

一般变频器的定期检查应一年进行一次，绝缘电阻检查可以三年进行一次。由于变频器是由多种部件组装而成，在正常使用6～10年后，就会进入故障高发期，某些部件性能

降低、劣化，这是故障发生的主要原因。为了长期安全生产，某些部件必须及时更换。变频器定期检查的目的，主要就是根据面板上显示的维护信息，估算零部件的使用寿命，及时更换元器件。

2. 变频器故障分析与处理

新一代高性能的变频器具有较完善的自诊断功能、保护及报警功能，熟悉这些功能对正确使用和维修变频器是极其重要的。当变频调速系统出现故障时，变频器大都能自动停车保护，并给出提示信息，检修时应以这些显示信息为线索，依据变频器使用说明书中有关指示故障原因的内容，分析故障范围，同时采用合理的测试手段确认故障点并进行维修。

通常，变频器的控制核心（微处理器系统）与其他电路部分之间都设有可靠的隔离措施，因此出现故障的概率很低。即使发生故障，用常规手段也难以检测和发现。所以当系统出现故障时，应将检修的重点放在主电路及微处理器以外的接口电路部分。变频器常见故障原因及处理方法详见附录。

任务实施

做好日常维护与检查工作，并填写检查情况记录表。

任务评价

任务评价见表 3-4。

表 3-4 任务评价表

序号	考核内容	考核要求	评价标准	配分	扣分	得分
1	正确调试	能正确调试变频器	1. 操作不规范,每处扣 3 分 2. 调试过程不正确,每处扣 5 分	20		
2	日常检查	能按照要求正确完成对变频器的日常检查	检查项目不完整,每处扣 5 分	30		
3	定期检查	能正确使用工具和仪表,按照规定定期检查变频器	1. 操作不规范,每处扣 5 分 2. 检查不完整,每处扣 3 分	20		
4	故障处理	能针对调试过程中出现的故障进行分析并正确处理	排除故障失败,每项扣 10 分	30		
5	安全文明生产	操作安全规范、环境整洁	违反安全文明生产规程,酌情扣分			

巩固练习

1. 变频器常见的故障有哪些？应如何处理？
2. 变频器显示“过电流”一般是什么原因？
3. 是否每台变频器都必须加装电磁选件？
4. 为什么要把变频器与其他控制部分分区安装？
5. 变频器的信号线和输出线都采用屏蔽电缆安装，其目的有什么不同？

项目四　变频器典型应用工程实施

任务 4.1　工业洗衣机控制系统的安装与调试

学习目标

1. 了解变频洗衣机的特点。
2. 掌握工业洗衣机控制系统中 PLC 和变频器结合使用的方法。
3. 掌握工业洗衣机控制系统中变频器参数设置及其控制方法。

任务要求

1. 根据控制系统要求设计控制线路。
2. 根据控制系统要求编写程序。
3. 设置变频器参数并调试。

相关知识

一、工业洗衣机概述

工业洗衣机在洗净与脱水时转速差较大，旧式工业洗衣机通常根据不同运行状态所需转速准备数台电动机，传动装置较复杂，需要离合器、带轮及制动闸等。旧式工业洗衣机控制系统构成如图 4-1 所示。

如果采用变频器控制，则可以用一台电动机从低速到高速大范围内调速，同时传动装置体积变小。此外，脱水结束后，变频器可用外部制动装置减速，使电动机的再生能量转变为热能放出，短时间内即可完成减速，控制性能得到改善。由变频器控制的工业洗衣机系统构成如图 4-2 所示。

二、变频工业洗衣机的运行模式及负载特性

1. 变频工业洗衣机运行模式

工业洗衣机的一般运行过程为：洗净→脱水→清洗→脱水→干燥。其中，洗净与清洗过程由频繁的正、反转运行组成，脱水为高速旋转，干燥为长时间低速运行。在脱水前还需要将衣料均匀分布在桶的周围，即平衡过程。图 4-3 所示为变频工业洗衣机的一般运行模式。

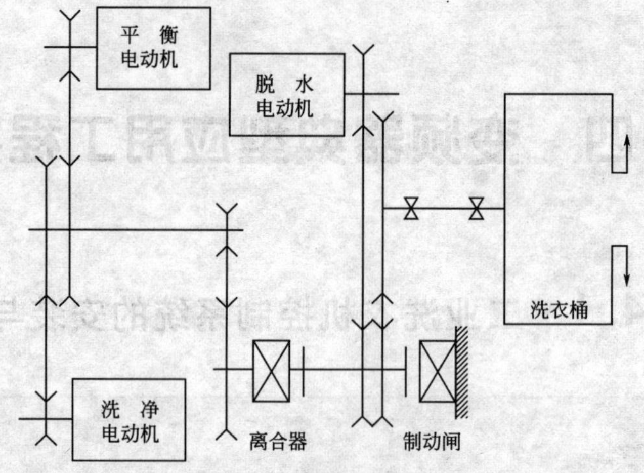

图 4-1 旧式工业洗衣机控制系统图

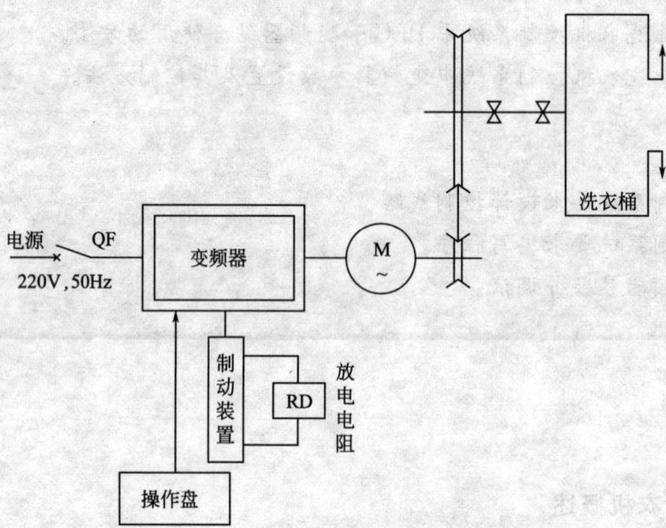

图 4-2 变频器控制的工业洗衣机系统图

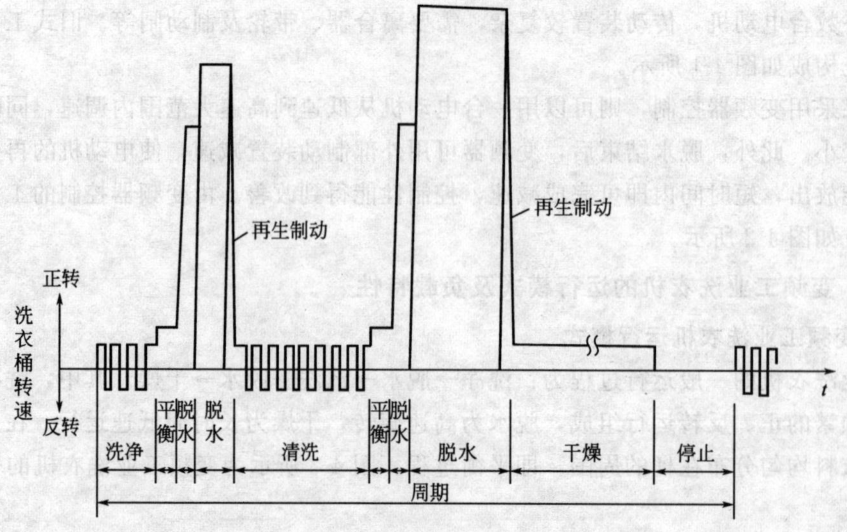

图 4-3 变频工业洗衣机的一般运行模式

2. 负载特性

工业洗衣机电动机轴的负载特性如图 4-4 所示。在洗净时由于有水阻力，负载转矩较大，而在脱水时负载转矩减小。

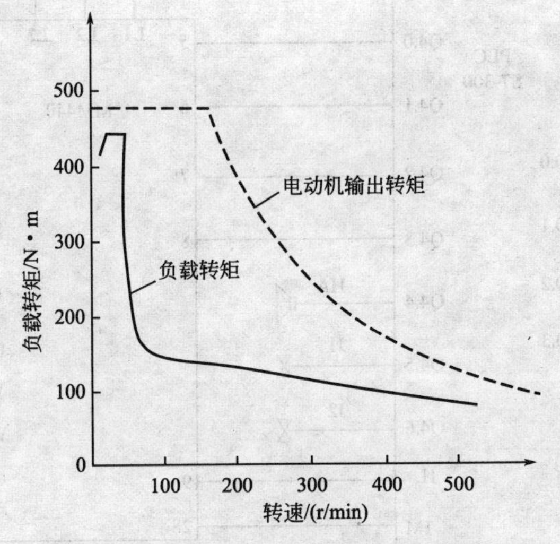

图 4-4　工业洗衣机电动机轴的负载特性

工业洗衣机采用变频器调速后，拖动装置只需要一台电动机与洗衣桶连接，简化了机械部分，可以使用标准电动机；利用超高速脱水可以有效缩短脱水时间；洗净与脱水速度可以通过操作盘任意设定，改善了操作性能；由于取消了制动闸、离合器等磨损严重的部件，系统维护工作量小。

任务实施

利用 PLC 和变频器配合进行工业洗衣机的控制。要求：

① 启动开始，洗衣机进水。水位到达高水位时停止进水，并开始洗涤正转，洗涤时对应变频器输出频率 15Hz。

② 洗涤正转 15s，暂停 3s；洗涤反转 15s 后，暂停 3s 为一次小循环。若小循环不足三次，则返回洗涤正转；若小循环达到三次，则开始排水。

③ 水位下降到低水位后进入平衡阶段，此时输出频率为 20 Hz。平衡阶段持续 5s，开始高速脱水并继续排水，高速脱水时输出频率为 50 Hz，经过 5s 即完成一次大循环。

④ 大循环不足三次，则返回进水，进行下一次大循环。若完成三次大循环，则进行洗完报警。报警 10s 后结束全部过程，自动停机。

⑤ 在运行中的任一状态，都可直接通过按下停止按钮停机。

一、线路连接

根据控制系统要求设计线路图，如图 4-5 所示。

二、I/O 地址分配表

I/O 地址分配表如表 4-1 所示。

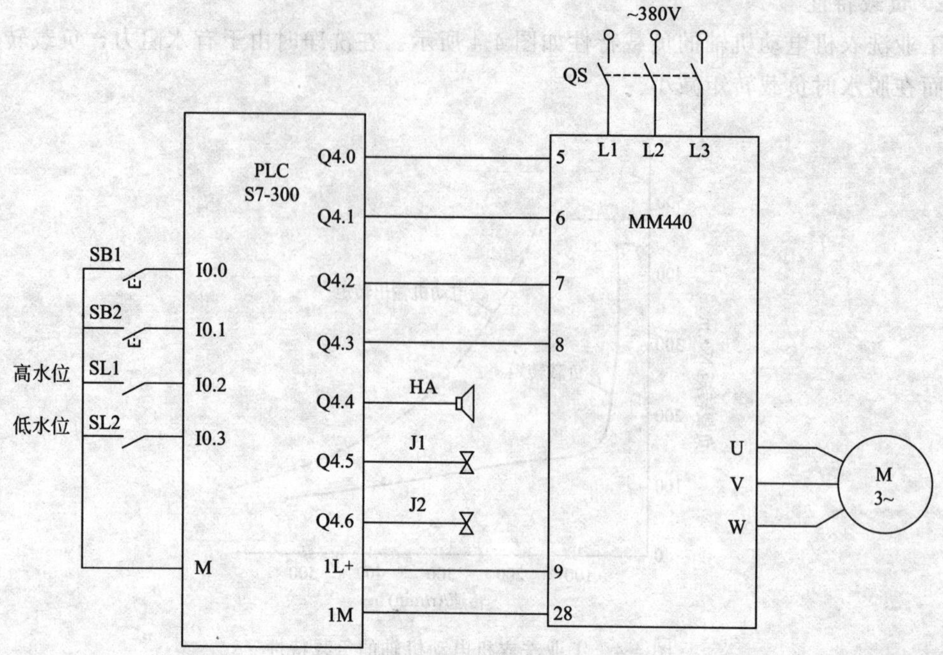

图 4-5　工业洗衣机系统控制线路图

表 4-1　I/O 地址分配表

输入地址	元件	功能	输出地址	元件	功能
I0.0	SB1	启动	Q4.0	DIN1	正转洗涤
I0.1	SB2	停止	Q4.1	DIN2	反转洗涤
I0.2	SL1	高水位	Q4.2	DIN3	平衡
I0.3	SL2	低水位	Q4.3	DIN4	高速脱水
			Q4.4	HA	报警
			Q4.5	J1	进水阀
			Q4.6	J2	排水阀

三、PLC 控制程序梯形图

工业洗衣机系统控制程序梯形图如图 4-6 所示。

四、相关功能参数设置及含义详解

1. 参数设置

(1) 参数复位

设定 P0010＝30 和 P0970＝1，按下 P 键，开始复位。

(2) 设置电动机参数

电动机参数设置如表 2-1 所示（具体应用中，应按实际电动机铭牌上的数据进行设置，以下均同）。电动机参数设定完成后，设定 P0010＝0，变频器当前处于准备状态，可正常运行。

(3) 设置工业洗衣机系统控制参数

工业洗衣机系统控制参数见表 4-2。

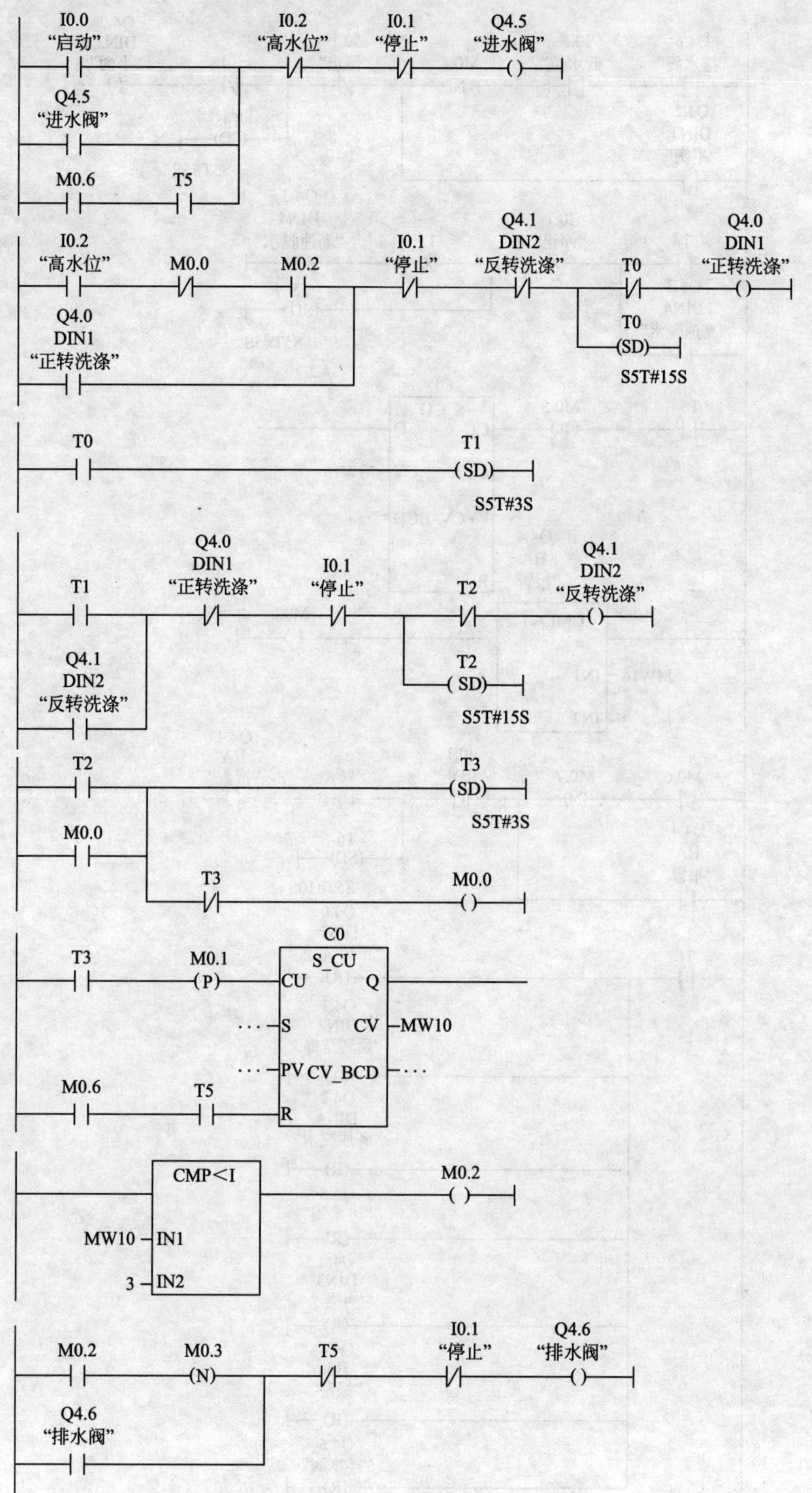
I0.0
“启动”
I0.2
“高水位”
I0.1
“停止”
Q4.5
“进水阀”
Q4.5
“进水阀”
M0.6
T5
I0.2
“高水位”
M0.0
M0.2
I0.1
“停止”
Q4.1
DIN2
“反转洗涤”
T0
Q4.0
DIN1
“正转洗涤”
Q4.0
DIN1
“正转洗涤”
T0
(SD)
S5T#15S
T0
T1
(SD)
S5T#3S
T1
Q4.0
DIN1
“正转洗涤”
I0.1
“停止”
T2
Q4.1
DIN2
“反转洗涤”
Q4.1
DIN2
“反转洗涤”
T2
(SD)
S5T#15S
T2
T3
(SD)
S5T#3S
M0.0
T3
M0.0
C0
S_CU
T3
M0.1
(P)
CU
Q
S
CV
MW10
PV
CV_BCD
M0.6
T5
R
CMP<I
M0.2
MW10
IN1
3
IN2
M0.2
M0.3
(N)
T5
I0.1
“停止”
Q4.6
“排水阀”
Q4.6
“排水阀”

图 4-6

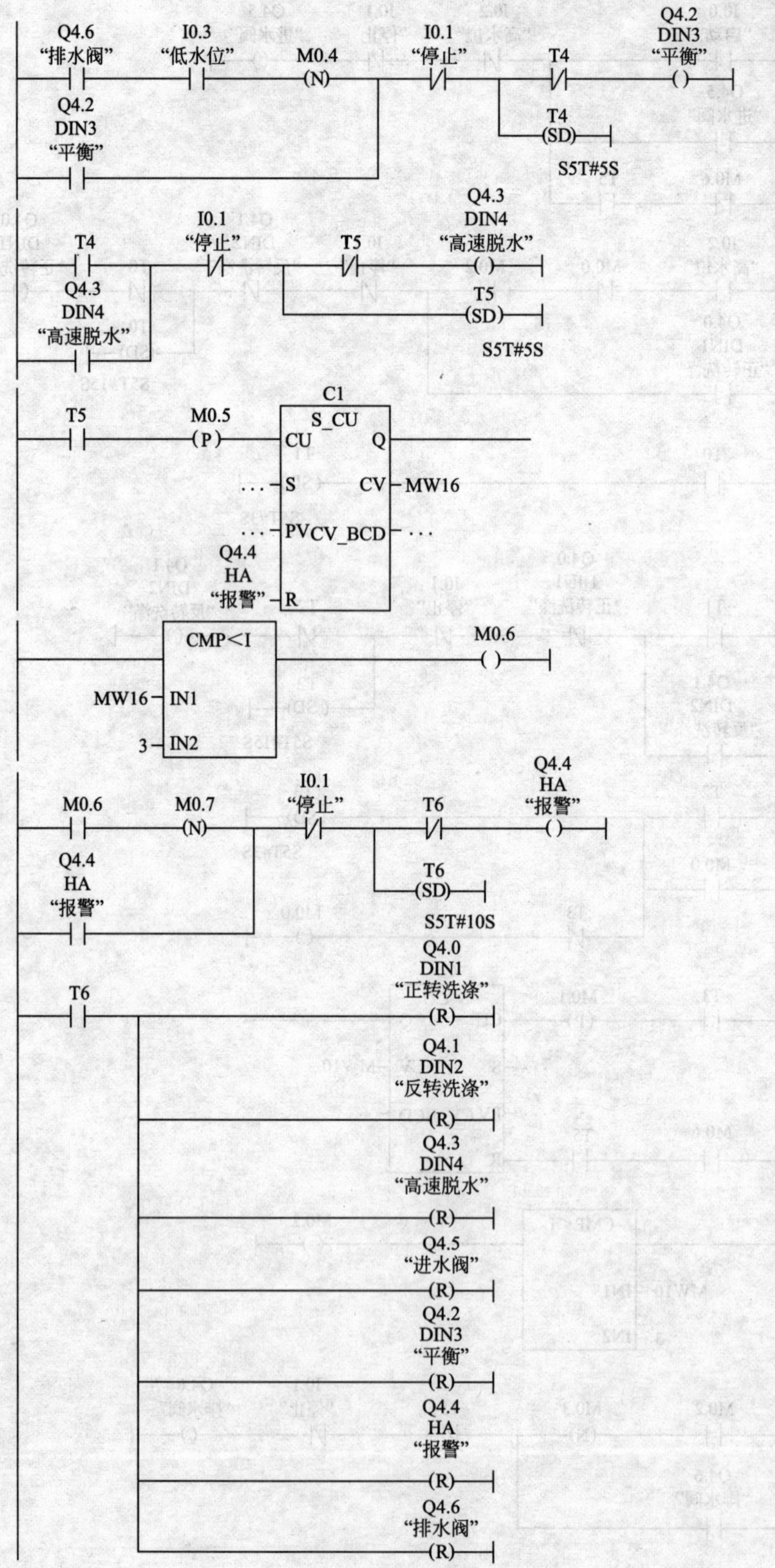

图 4-6　工业洗衣机系统控制程序梯形图

表 4-2　工业洗衣机系统控制参数表

参数号	出厂值	设置值	说　明
P0003	1	3	用户访问级为专家级
P0004	0	0	参数过滤显示全部参数
P0700	2	2	由端子排输入(选择命令源)
* P0701	1	16	端子 DIN1 功能为选择固定频率
* P0702	12	16	端子 DIN2 功能为选择固定频率
* P0703	9	16	端子 DIN3 功能为选择固定频率
* P0704	15	16	端子 DIN4 功能为选择固定频率
P0725	1	1	端子 DIN 输入为高电平有效
P1000	2	3	选择固定频率设定值
P1001	0	15	选择固定频率 1(Hz)
P1002	5	−15	选择固定频率 2(Hz)
P1003	10	20	选择固定频率 3(Hz)
P1004	15	50	选择固定频率 4(Hz)

2. 参数含义详解

略。

五、系统运行调试

① 断电检查无误后，通电检查各电气设备的连接是否正常，并对单一设备逐一进行调试。

② 下载已调试无误的 PLC 程序。

③ 正确输入变频器参数。

④ 按下启动按钮，按照控制要求，对整个系统统一调试。

⑤ 调试完毕，断开电源。

任务评价

任务评价见表 4-3。

表 4-3　任务评价表

序号	考核内容	考核要求	评价标准	配分	扣分	得分
1	电路设计	能根据任务要求设计电路	1. 线路绘制不标准,每处扣 3 分 2. 线路设计错误,每处扣 5 分	20		
2	程序设计	能根据任务要求正确设计 PLC 梯形图	1. 程序编写错误,每处扣 3 分 2. 程序调试失败,每次扣 5 分	20		
3	参数设置	能根据任务要求正确设置变频器参数	1. 参数设置不全,每处扣 5 分 2. 参数设置错误,每处扣 5 分	20		
4	线路连接	能正确使用工具和仪表,按照电路图接线	1. 元件安装不符合要求,每处扣 2 分 2. 接线不规范,每处扣 1 分	20		
5	操作调试	能正确、合理地根据接线和参数设置,现场调试变频器的运行	1. 变频器操作错误,扣 10 分 2. 调试失败,扣 20 分	20		
6	安全文明生产	操作安全规范、环境整洁	违反安全文明生产规程,酌情扣分			

巩固练习

用 PLC 和变频器配合进行工业洗衣机的改造、安装与调试。控制要求如下：

① 工业洗衣机系统送电，此时 PLC 在初始状态，准备好启动。启动时开始进水，水位到达高水位时停止进水，并开始洗涤正转。洗涤正转 15s，暂停 3s；洗涤反转 15s 后，暂停 3s 为一次小循环。若小循环不足三次，则返回洗涤正转；若小循环达到三次，则开始排水。水位下降到低水位时开始脱水并继续排水。脱水 10s 即完成一次大循环。大循环不足三次，则返回进水，进行下一次大循环。若完成三次大循环，则进行洗完报警。报警后 10s 结束全部过程，自动停机。

② 洗涤时变频器的输出频率为 35Hz，脱水时变频器的输出频率为 50 Hz，其加减速时间根据实际情况自定。

试根据控制要求，绘制接线图、设计梯形图并安装调试。

任务 4.2 啤酒罐装传送带系统的安装与调试

学习目标

1. 了解传送带的输送特点及对变频调速的要求。
2. 掌握变频调速在啤酒罐装传送带上的应用及对制动的要求。

任务要求

1. 根据控制系统要求设计控制线路。
2. 根据控制系统要求编写程序。
3. 设置变频器参数并调试。

相关知识

一、概述

在很多的生产线中，都要用到皮带传送机，它可以快速地传送生产过程中的产品和配件等，能够使产量和生产效率大大提高。而在传送带上应用变频工艺控制系统具有高效、经济及维护方便等优点。

运输用的传送带有多种类别，如链式、带式、螺旋式、滚筒式、振动式、铲斗式等。

（1）按运行方式分

连续输送式：输送机连续地以恒速运行，如输煤机、生产流水线等。

间歇输送式：输送机在工作时，运行和停止不断地交替。如部分生产流水线，每隔一段时间，所有工件同时向下一个工位移动。通常，运行的时间和停止时间都是一定的。

（2）按负载的变化情形分

负载恒定式：在传输过程中，负载的大小基本不变。多数生产流水线属于这一类。

负载变动式：输送物料的多少是不断变动的，如输煤机、输矿机等。此外，有的装配生产线的输送机，随着装上部件的不断增加，负载也加大。

二、啤酒罐装传送带系统构成

啤酒罐装传送带要求 PLC 根据瓶流，通过变频器调整传送带的速度，即 PLC 根据瓶流情况选择多段速控制，做到传送带速度与灌装机速度很好地匹配。

系统构成如图 4-7 所示。在灌装速度不变的情况下，瓶流速度必须和灌装速度保持一致。用一个光电传感器检测瓶流速度，不同的瓶流速度对应变频器的不同速度，由 PLC 的输出端子去控制变频器的多段速控制端，对速度进行调整，从而实现与灌装速度的匹配。

光电传感器是通过把光强度的变化转换成可变电信号来实现控制的一种器件。光电传感器一般由三部分构成，分别为发送器、接收器和检测电路，如图 4-8 所示。

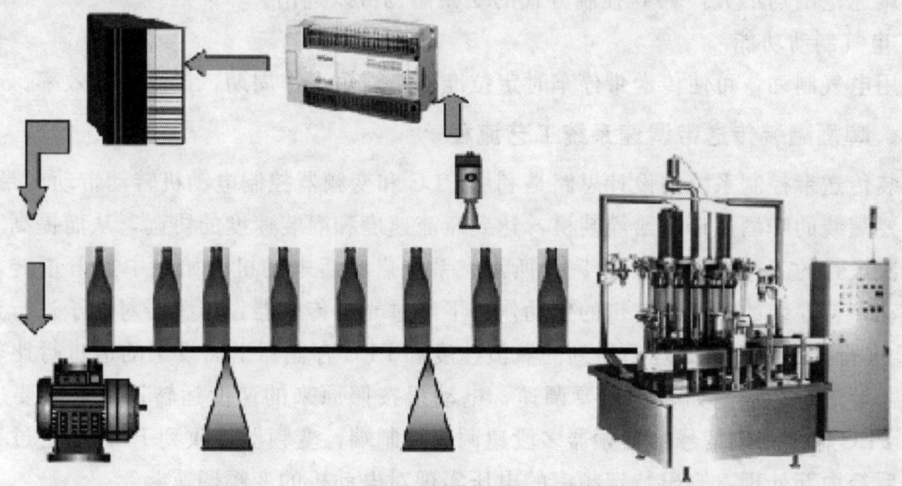

图 4-7　啤酒罐装传送带系统结构图

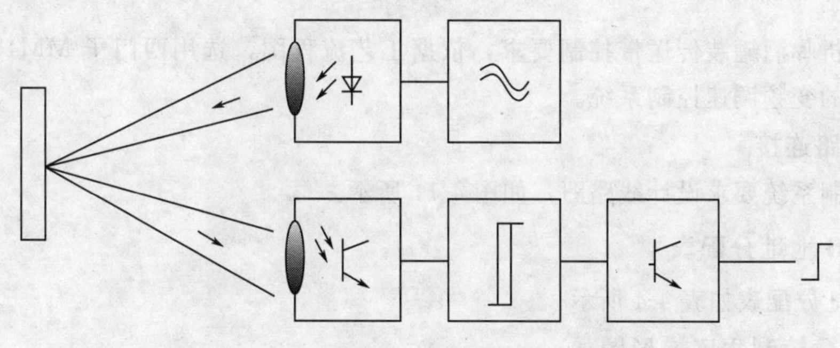

图 4-8　光电传感器

发送器对准目标发射光束，发射的光束一般来源于半导体光源、发光二极管（LED）和激光二极管。光束不间断地发射，或者改变脉冲宽度。接收器由光电二极管或光电三极管组成。在接收器的前面，装有光学元件，如透镜、光圈等。在其后面是检测电路，它能过滤出有效信号和应用信号。

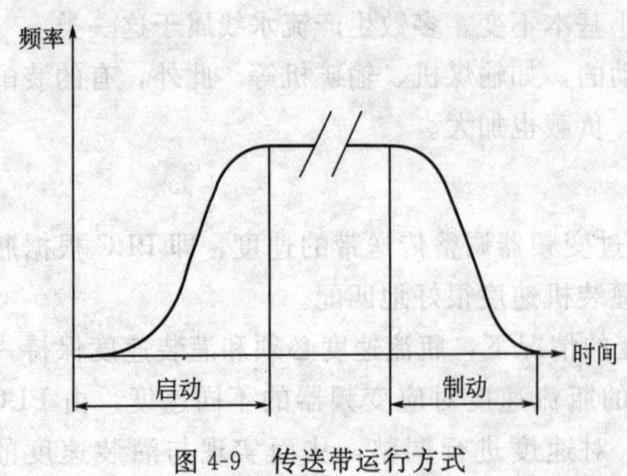

图 4-9 传送带运行方式

三、啤酒罐装传送带调速系统设计

1. 启动、制动方式

用传送带输送瓶装物体对启动、制动的平滑要求非常严格，为防止运输物品的晃动或破损，必须调节好最佳的启动和制动时间，选择合适的加减速方式。因此，本系统选用 S 形加减速方式较为适宜，如图 4-9 所示。

2. 负载特性及控制方式选择

传送带要求在整个速度范围内具有恒转矩特性，一般可以认为是恒转矩性质。此外，传送带通常是满载启动，需要较大的启动转矩，因此宜选用具有无反馈矢量控制方式的变频器。不过由于传送带在运行过程中负载变化和调速范围均不大，V/F 控制方式的变频器也可以选用。

3. 电气制动功能

采用电气制动，可使传送带停车时定位准确，缩短工作周期，提高生产效率。

四、啤酒罐装传送带调速系统工艺流程

罐装传送带控制系统的设计思路是利用 PLC 和变频器控制电动机转动带动皮带传动，然后将要灌装的啤酒瓶传送给灌装机，达到瓶流速度和灌装速度的协调，从而提高工作效率。本次设计的工艺流程图如图 4-10 所示。系统启动后电动机开始在中速下正转，带动皮带传动，待灌装的瓶子在皮带的传动作用下经过光电传感器，传感器对瓶子进行计数送往 PLC 进行数据处理，处理后得到的瓶流速度和 PLC 存储器里面设定的值进行比较，判断是否需要进行调速。如果不需要调速，电动机按照原来的速度运转；如果需要进行调速，则 PLC 输出控制信号给变频器多段速调速控制端，变频器接收到 PLC 传送过来的控制信号后经内部处理，输出特定频率的电压实现对电动机的变频调速。

任务实施

通过分析啤酒罐装传送带控制要求，依据工艺流程图，选用西门子 MM440 变频器，设计传送带的变频调速控制系统。

一、线路连接

根据控制系统要求设计线路图，如图 4-11 所示。

二、I/O 地址分配表

I/O 地址分配表如表 4-4 所示。

三、PLC 控制程序梯形图

啤酒罐装传送带系统程序梯形图如图 4-12 所示。

四、相关功能参数设置及含义详解

1. 参数设置

(1) 参数复位

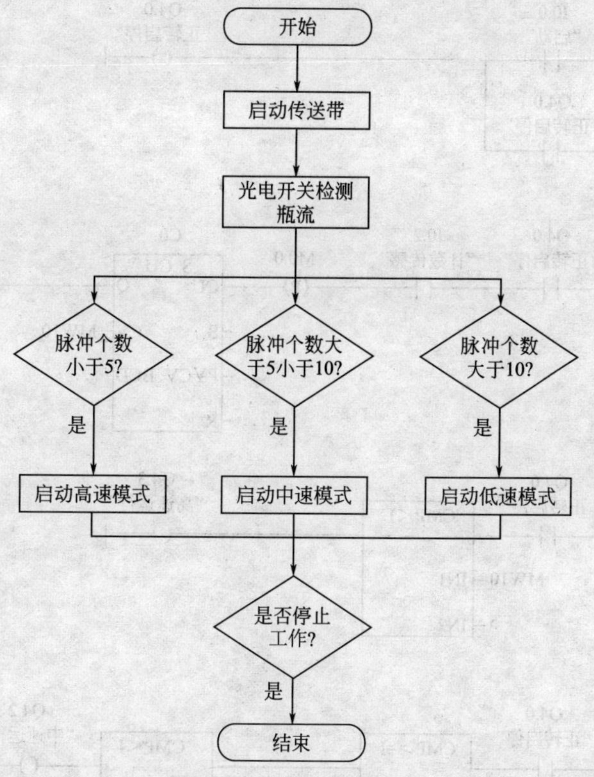

图 4-10　啤酒罐装传送带调速系统工艺流程图

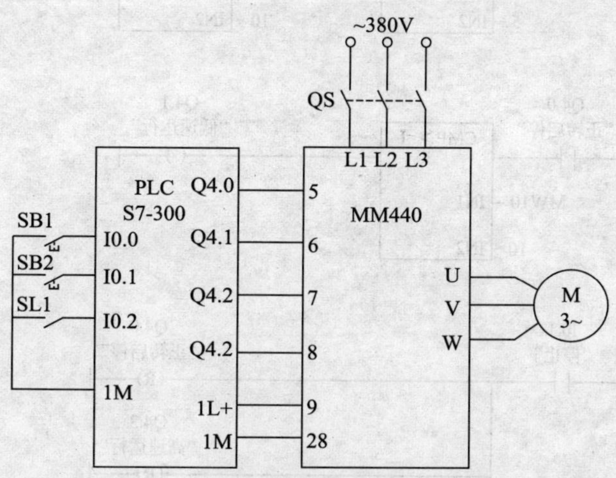

图 4-11　啤酒罐装传送带系统接线图

表 4-4　I/O 地址分配表

输入地址	元件	功能	输出地址	元件	功能
I0. 0	SB1	启动	Q4. 0	DIN1	正转启停
I0. 1	SB2	停止	Q4. 1	DIN2	低速运行
I0. 2	SL1	计数检测	Q4. 2	DIN3	中速运行
			Q4. 3	DIN4	高速运行

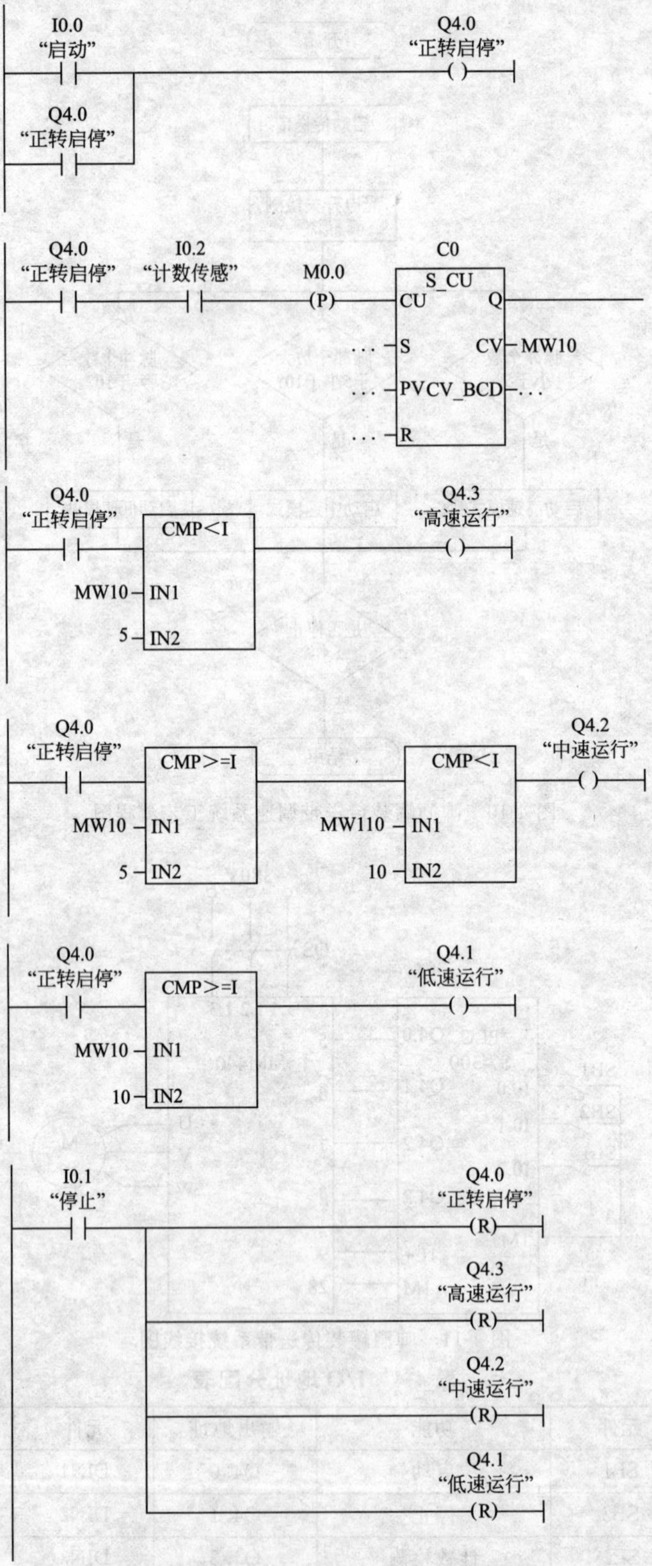

I0.0 "启动"
Q4.0 "正转启停"
Q4.0 "正转启停"

Q4.0 "正转启停"
I0.2 "计数传感"
M0.0 (P)
C0 S_CU
CU Q
S CV MW10
PV CV_BCD
R

Q4.0 "正转启停"
CMP<I
MW10 IN1
5 IN2
Q4.3 "高速运行"

Q4.0 "正转启停"
CMP>=I
MW10 IN1
5 IN2
CMP<I
MW110 IN1
10 IN2
Q4.2 "中速运行"

Q4.0 "正转启停"
CMP>=I
MW10 IN1
10 IN2
Q4.1 "低速运行"

I0.1 "停止"
Q4.0 "正转启停" (R)
Q4.3 "高速运行" (R)
Q4.2 "中速运行" (R)
Q4.1 "低速运行" (R)

图 4-12　啤酒罐装传送带系统程序梯形图

设定 P0010＝30 和 P0970＝1，按下 P 键，开始复位。

（2）设置电动机参数

电动机参数设置如表 2-1 所示（具体应用中，应按实际电动机铭牌上的数据进行设置）。电动机参数设定完成后，设定 P0010＝0，变频器当前处于准备状态，可正常运行。

（3）设置啤酒罐装传送带系统控制参数

啤酒罐装传送带系统控制参数见表 4-5。

表 4-5　啤酒罐装传送带系统控制参数表

参数号	出厂值	设置值	说　明
P0003	1	3	用户访问级为专家级
P0004	0	0	参数过滤显示全部参数
P0700	2	2	由端子排输入(选择命令源)
* P0701	1	1	端子 DIN1 功能为 ON 接通正转，OFF 停止
* P0702	12	15	端子 DIN2 功能为选择固定频率
* P0703	9	15	端子 DIN3 功能为选择固定频率
* P0704	15	15	端子 DIN4 功能为选择固定频率
P0725	1	1	端子 DIN 输入为高电平有效
P1000	2	3	选择固定频率设定值
P1001	0	15	选择固定频率 1(Hz)
P1002	5	30	选择固定频率 2(Hz)
P1003	10	45	选择固定频率 3(Hz)
P1300	0	20	无传感器的矢量控制
P1130	0	1	斜坡上升曲线的起始段圆弧时间
P1131	0	1	斜坡上升曲线的结束段圆弧时间
P1132	0	1	斜坡下降曲线的起始段圆弧时间
P1133	0	1	斜坡下降曲线的结束段圆弧时间

2. 参数含义详解

（1）斜坡上升曲线的起始段圆弧时间 P1130

定义斜坡函数上升曲线起始段平滑圆弧的时间，单位：s。

（2）斜坡上升曲线的结束段圆弧时间 P1131

定义斜坡函数上升曲线结束段平滑圆弧的时间，单位：s。

（3）斜坡下降曲线的起始段圆弧时间 P1132

定义斜坡函数下降曲线起始段平滑圆弧的时间，单位：s。

（4）斜坡下降曲线的结束段圆弧时间 P1133

定义斜坡函数下降曲线结束段平滑圆弧的时间，单位：s。

（5）变频器的控制方式 P1300

控制电动机的速度和变频器的输出电压之间的相对关系。

可能的设定值：

0—线性特性的 V/F 控制；

1—带磁通电流控制 FCC 的 V/F 控制；

2—带抛物线特性（平方特性）的 V/F 控制；

3—特性曲线可编程的 V/F 控制；

4—ECO 节能运行方式的 V/F 控制；

5—用于纺织机械的 V/F 控制；

6—用于纺织机械的带 FCC 功能的 V/F 控制；

19—具有独立电压设定值的 V/F 控制；

20—无传感器的矢量控制；

21—带有传感器的矢量控制；

22—无传感器的矢量转矩控制；

23—带有传感器的矢量转矩控制。

五、系统运行调试

① 断电检查无误后，通电检查各电气设备的连接是否正常，并对单一设备逐一进行调试；

② 下载已调试无误的 PLC 程序；

③ 正确输入变频器参数；

④ 按下启动按钮，按照控制要求，对整个系统统一调试；

⑤ 调试完毕，断开电源。

任务评价

任务评价见表 4-6。

表 4-6 任务评价表

序号	考核内容	考核要求	评价标准	配分	扣分	得分
1	电路设计	能根据任务要求设计电路	1. 线路绘制不标准，每处扣 3 分 2. 线路设计错误，每处扣 5 分	20		
2	程序设计	能根据任务要求正确设计 PLC 梯形图	1. 程序编写错误，每处扣 3 分 2. 程序调试失败，每次扣 5 分	20		
3	参数设置	能根据任务要求正确设置变频器参数	1. 参数设置不全，每处扣 5 分 2. 参数设置错误，每处扣 5 分	20		
4	线路连接	能正确使用工具和仪表，按照电路图接线	1. 元件安装不符合要求，每处扣 2 分 2. 接线不规范，每处扣 1 分	20		
5	操作调试	能正确、合理地根据接线和参数设置，现场调试变频器的运行	1. 变频器操作错误，扣 10 分 2. 调试失败，扣 20 分	20		
6	安全文明生产	操作安全规范、环境整洁	违反安全文明生产规程，酌情扣分			

巩固练习

有一台高炉卷扬上料控制系统，利用 PLC 和变频器配合进行自动控制。系统控制要求如下：

① 按下合闸按钮，变频器电源接触器 KM 闭合，变频器通电；按下分闸按钮，变频器电源接触器 KM 断开，变频器断电。

② 操作工发出左料车上行指令，开启抱闸；主令控制器 K1 闭合，变频器由 0Hz 开始提速，提速至固定频率 50Hz，电动机全速运行。

③ 随着料车运行，主令控制器 K2 闭合，由 PLC 发出中速指令，变频器的固定频率改为 20Hz，电动机以中速运行。

④ 当主令控制器 K3 闭合时，由 PLC 发出低速指令，变频器的固定频率改为 6 Hz，电动机以低速运行。

⑤ 当左料车触到左限位开关时，说明料车已经到达终点，变频器封锁输出，同时关闭机械抱闸，左料车送料完毕。

⑥ 延时 5s 后，开启抱闸，电动机反转。右料车上行，主令控制器 K4、K5、K6 分别顺序闭合，右料车依次以高速、中速、低速运行到右限位开关，关闭机械抱闸，右料车送料完毕。

⑦ 5s 后，左料车上行，重复上述过程。

⑧ 按下停止按钮，运料小车停止运行。

试根据控制要求，绘制接线图、设计梯形图并安装调试。

任务 4.3　恒压供水系统的安装与调试

学习目标

1. 熟练掌握变频与工频切换的外部接线。
2. 掌握变频恒压供水系统参数设置。
3. 了解恒压供水系统的主要参数及其特性。
4. 了解变频调速恒压供水系统构成和工作过程。
5. 了解变频恒压供水系统的节能原理。
6. 能够对运行过程中出现的问题正确分析、处理。

任务要求

1. 根据控制系统要求设计控制线路。
2. 根据控制系统要求编写程序。
3. 设置变频器参数并调试。

相关知识

一、恒压供水概述

在生产、生活中，用户用水的多少是经常变动的，因此供水不足或供水过剩的情况时有发生。为提高供水质量，满足用户需求，必须对供水系统进行控制。流量是供水系统的基本控制对象，而流量的大小取决于水泵的扬程。但扬程难以进行具体测量和控制，考虑到在动态情况下，管道中水压的大小与供水能力（以供水流量 Q_G 表示）和用水需求（以用水流量 Q_U 表示）之间的平衡情况有关，即

① 如供水能力 Q_G＞用水需求 Q_U，则压力上升；

② 如供水能力 Q_G＜用水需求 Q_U，则压力下降；

③ 如供水能力 Q_G＝用水需求 Q_U，则压力不变。

因此，若保持供水压力恒定，则可使供水和用水之间保持平衡，即用水多时供水也多，用水少时供水也少。

恒压供水是指在供水网中用水量发生变化时，出水口压力保持不变的供水方式。供水网出口压力值是根据用户需求确定的。传统的恒压供水方式是采用水塔、高位水箱、气压罐等设施实现的。随着变频调速技术的日益成熟和广泛应用，利用变频器构成控制系统，通过调节水泵的输出流量，以实现恒压供水。

采用变频恒压供水具有以下优点。

（1）节约电能

变频调速恒压供水方式与过去的水塔或高位水箱以及气压供水方式相比，无论在设备的投资、运行的经济性，还是在系统的稳定性、可靠性、自动化程度等方面，都具有无法比拟的优势，而且具有显著的节能效果。因为由离心泵原理可知，在相似情况下水泵的流量、扬程（压力）和轴功率分别与其转速的一次方、二次方和三次方成正比。当水泵（或风机）运转速度降低以后，其轴功率随转速的三次方下降，驱动电动机所需要的功率也相应减少，从而取得显著节电效果。

（2）节约用水

采用变频器进行变频恒压供水，管道保持恒压，可杜绝崩管现象，减少跑、冒、滴、漏，从而节约用水。

（3）延长系统的使用寿命

利用供水专用变频器进行变频恒压供水，可保持系统水压恒定，不会出现水压过高的现象，管道的压力一直可维持在合理的范围内，延长了更换周期，减少了维修投入，并且避免了管道崩裂事故。

变频调速控制的水泵在启动时，电动机频率逐渐上升到工频频率，水的压力也逐渐升高，这样就避免了水流对管网、仪表、阀门、法兰等的冲击，延长了供水设备的使用寿命。当变频调速供水控制系统停止运行时，变频器输出交流电的频率逐渐降低直到停止输出，水泵的转速逐渐降低直到停止运行，有效防止了水锤现象的产生。

（4）系统管理、维护方便

主要设备相对集中，配置简易，系统自动化程度高，便于管理和维修，操作人员定期在泵房内巡查就可掌握整个系统的运行状态。

二、变频调速恒压供水控制系统原理

变频调速恒压供水控制系统压力控制原理图如图 4-13 所示。

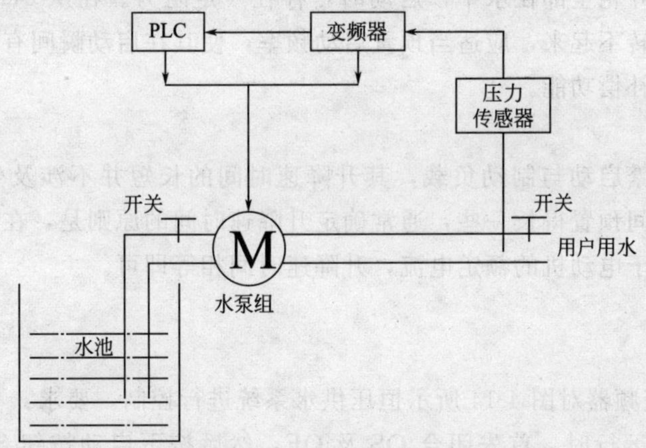

图 4-13　变频调速恒压供水控制系统压力控制原理图

其控制原理如下：

用水量↑→压力↓→压力变送器输出↓→PID 输出↑→VVVF（变频器）频率↑→电动机转速↑→水泵流量↑→压力↑；

用水量↓→压力↑→压力变送器输出↑→PID 输出↓→VVVF（变频器）频率↓→电动机转速↓→水泵流量↓→压力↓。

由上述控制原理可知，变频调速恒压供水系统可使供水管网的压力保持恒定。

三、“一拖多”变频调速恒压供水系统

“一拖多”变频调速恒压供水系统，其供水设备主要由压力传感器、PLC、变频器及水泵机组组成。对于多台泵调速的方式，系统通过计算判定目前是否已达到设定压力，决定是否增加（投入）或减少（撤出）水泵，即当一台水泵工作频率达到最高频率时，若管网水压仍达不到预设水压，则将此台泵切换到工频运行，变频器将自动启动第二台水泵，控制其变频运行。此后，如压力仍然达不到要求，则将该泵又切换至工频，变频器软启动第三台泵，往复工作，直到满足设定压力要求为止。反之，若管网水压大于预设水压，则变频器频率降低，当频率低于下限时，自动切掉一台工频泵或变频泵，始终保持管网水压恒定。

四、变频器基本功能预置

1. 最高频率

水泵属二次方律负载，当转速超过其额定转速时，转矩将按平方规律增加。例如，当转速超过额定转速 10%（$n_X=1.1\ n_N$）时，转矩将超过额定转矩 21%（$T_X=1.21T_N$），导致电动机严重过载。因此，变频器的工作频率是不允许超过额定频率的，其最高频率只能与额定频率相等，即 $f_{max}=f_N=50$Hz。

2. 下限频率

在供水系统中，转速过低，会出现水泵的全扬程小于实际扬程，形成水泵“空转”现象。所以，在多数情况下，下限频率应设定为 30～36Hz。特殊需要可设定更低，根据具

体工况而定。

3. 启动频率

启动前，水泵叶轮全部在水中，启动时，存在一定阻力。在从 0Hz 开始启动时的一段频率内，实际上转不起来，应适当预置启动频率，使其在启动瞬间有一点冲力，也可采用手动或自动转矩补偿功能。

4. 升降速时间

水泵不属于频繁启动与制动负载，其升降速时间的长短并不涉及生产效率问题。因此，可将升降速时间预置得长一些，通常确定升降速时间的原则是，在启动过程中其最大启动电流接近或等于电动机的额定电流，升降速时间相等即可。

任务实施

采用 PLC 和变频器对图 4-14 所示恒压供水系统进行控制。要求：

(1) 供水系统运行时，首先闭合 QS 及 QF，然后按下启动按钮 SB1，KM1 得电闭合，启动变频器，同时 KM2 也得电闭合，水泵电动机 M1 投入变频运行。

(2) 随着用水量增加，当变频器的运行频率达到上限值时，延时 5s 后，KM2 失电断开，KM3 得电闭合，水泵电动机 M1 投入工频运行；KM4 得电闭合，水泵电动机 M2 投入变频运行。

(3) 当变频器的运行频率再次达到上限值时，延时 5s 后，KM4 失电断开，KM5 得电闭合，水泵电动机 M2 投入工频运行；KM6 得电闭合，水泵电动机 M3 投入变频运行。电动机 M1 继续工频运行。

(4) 随着用水量的减小，在电动机 M3 变频运行时，当变频器的运行频率达到下限值时，延时 5s 后，KM6 失电断开，电动机 M3 停止运行；KM5 失电断开，KM4 得电闭合，水泵电动机 M2 投入变频运行。电动机 M1 继续工频运行。

(5) 在电动机 M2 变频运行时，当变频器的运行频率达到下限值时，延时 5s 后，KM4 失电断开，电动机 M2 停止运行；KM3 失电断开，KM2 得电闭合，水泵电动机 M1 投入变频运行。

(6) 压力传感器将管网的压力变为 4～20mA 的电信号，经变频器模拟端输入，变频器根据设定值与检测值进行 PID 运算，输出相应频率调节水泵转速。

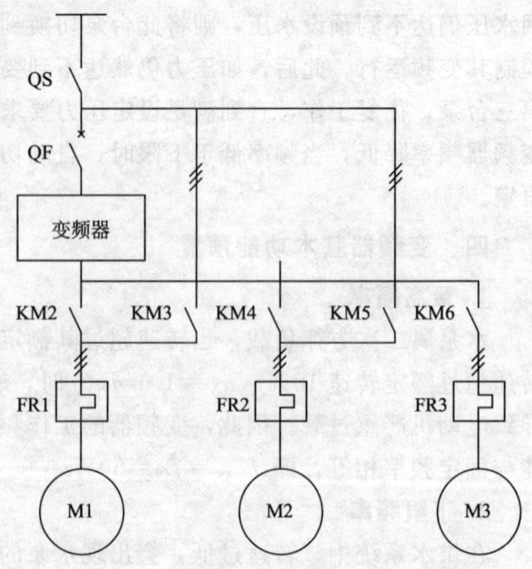

图 4-14 恒压供水系统主电路原理图

一、线路连接

系统主电路如图 4-14 所示。根据变频恒压供水系统要求设计控制线路图，如图 4-15 所示。

二、I/O 地址分配表

I/O 地址分配表如表 4-7 所示。

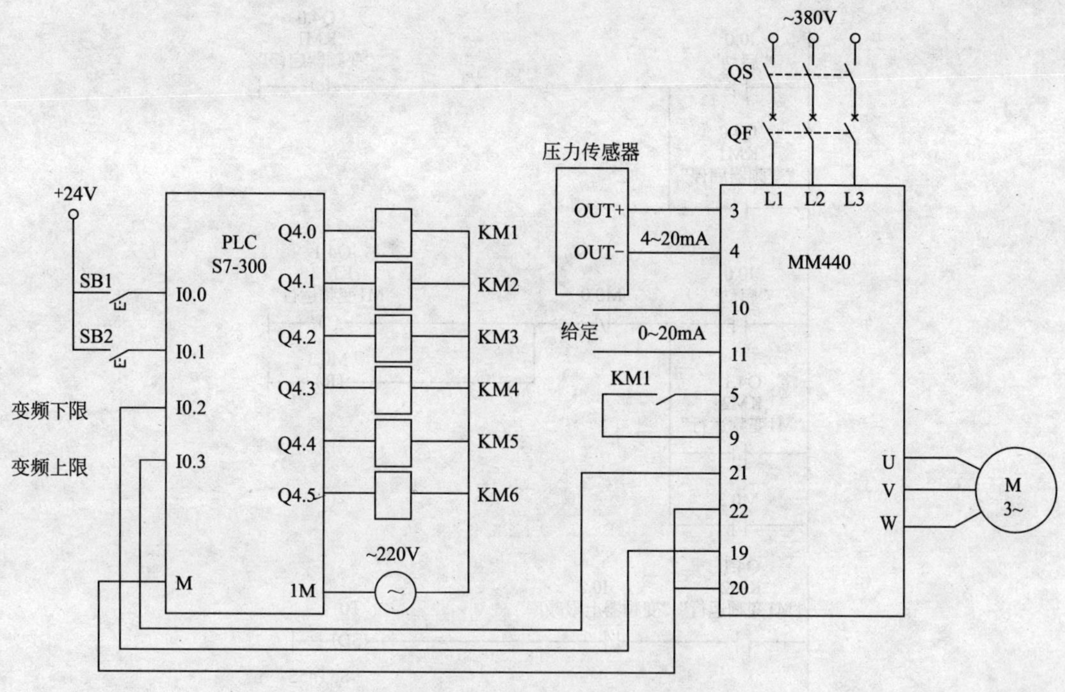

图 4-15　变频恒压供水系统控制线路图

表 4-7　I/O 地址分配表

输入地址	元件	功能	输出地址	元件	功能
I0.0	SB1	启动	Q4.0	KM1	变频器启停
I0.1	SB2	停止	Q4.1	KM2	M1 变频运行
I0.2	19、20 端	变频器下限频率	Q4.2	KM3	M1 工频运行
I0.3	21、22 端	变频器上限频率	Q4.3	KM4	M2 变频运行
			Q4.4	KM5	M2 工频运行
			Q4.5	KM6	M3 变频运行

三、PLC 控制程序梯形图

变频恒压供水系统程序梯形图如图 4-16 所示。

四、相关功能参数设置及含义详解

1. 参数设置

(1) 参数复位

设定 P0010＝30 和 P0970＝1，按下 P 键，开始复位。

(2) 设置电动机参数

电动机参数设置如表 2-1 所示。电动机参数设定完成后，设定 P0010＝0，变频器当前处于准备状态，可正常运行。

(3) 设置控制参数

见表 4-8。

I0.0
“启动”
Q4.0
KM1
“变频器启停”
Q4.0
KM1
“变频器启停”

I0.0
“启动”
M0.0
Q4.1
KM2
“M1变频运行”
M0.3
(R)
Q4.1
KM2
“M1变频运行”
M0.3

Q4.1
KM2
“M1变频运行”
I0.2
“变频器上限频率”
T0
(SD)
S5T#5S

T0
M0.3
M0.0
M0.0

M0.0
M0.3
Q4.2
KM3
“M1工频运行”
M0.1
Q4.3
KM4
“M2变频运行”
M0.2

Q4.3
KM4
“M2变频运行”
I0.2
“变频器上限频率”
T1
(SD)
S5T#5S

T1
M0.3
M0.1
M0.1

M0.1
M0.2
Q4.4
KM5
“M2工频运行”
Q4.5
KM6
“M3变频运行”

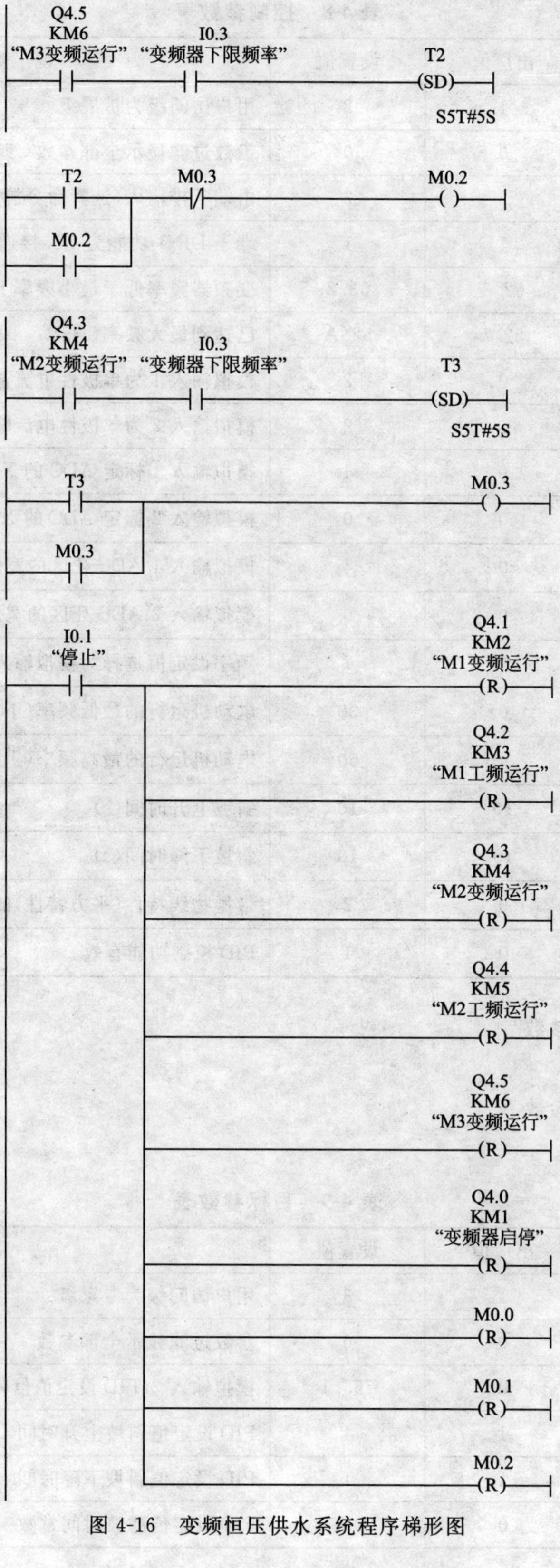

Q4.5
KM6
"M3变频运行"　I0.3
"变频器下限频率"　T2
(SD)
S5T#5S

T2　M0.3　M0.2
( )
M0.2

Q4.3
KM4
"M2变频运行"　I0.3
"变频器下限频率"　T3
(SD)
S5T#5S

T3　M0.3
( )
M0.3

I0.1
"停止"
Q4.1
KM2
"M1变频运行"
(R)
Q4.2
KM3
"M1工频运行"
(R)
Q4.3
KM4
"M2变频运行"
(R)
Q4.4
KM5
"M2工频运行"
(R)
Q4.5
KM6
"M3变频运行"
(R)
Q4.0
KM1
"变频器启停"
(R)
M0.0
(R)
M0.1
(R)
M0.2
(R)

图 4-16　变频恒压供水系统程序梯形图

表 4-8　控制参数表

参数号	出厂值	设置值	说　明
P0003	1	2	用户访问级为扩展级
P0004	0	0	参数过滤显示全部参数
P0700	2	2	由端子排输入(选择命令源)
* P0701	1	1	端子 DIN1 功能为 ON 接通正转/OFF 停车
P0731	52.3	53.2	变频器频率低于最小频率 P1080(Hz)
P0732	52.7	52.A	已达到最大频率(Hz)
P0756[0]	0	2	模拟输入 1 为单极性电流输入
P0756[1]	0	2	模拟输入 2 为单极性电流输入
P0757[0]	0	4	模拟输入 1 标定 ADC 的 X1 值
P0757[1]	0	0	模拟输入 2 标定 ADC 的 X1 值
P0761[0]	0	4	模拟输入 1 ADC 死区的宽度
P0761[1]	0	0	模拟输入 2 ADC 死区的宽度
P1000	2	7	频率设定值选择为模拟输入 2
* P1080	0	30	电动机运行的最低频率(下限频率)(Hz)
* P1082	50	50	电动机运行的最高频率(上限频率)(Hz)
P1120	10	10	斜坡上升时间(s)
P1121	10	10	斜坡下降时间(s)
P1300	0	2	带抛物线特性(平方特性)的 V/F 控制
P2200	0	1	PID 控制功能有效

(4) 设置目标参数

见表 4-9。

(5) 设置反馈参数

见表 4-10。

表 4-9　目标参数表

参数号	出厂值	设置值	说　明
P0003	1	3	用户访问级为专家级
P0004	0	0	参数过滤显示全部参数
P2253	0	755.1	模拟输入 2(PID 设定值信号源)
* P2257	1	1	PID 设定值斜坡上升时间
* P2258	1	1	PID 设定值斜坡下降时间
* P2261	0	0.2	PID 设定值滤波时间常数

表 4-10　反馈参数表

参数号	出厂值	设置值	说　明
P0003	1	3	用户访问级为专家级
P0004	0	0	参数过滤显示全部参数
P2264	755.0	755.0	PID 反馈信号由 AIN1 设定
* P2265	0	0.3	PID 反馈滤波时间常数
* P2271	0	0	PID 传感器的反馈形式为正常
P2274	0	0	微分项不起任何作用

(6) 设置 PID 参数

见表 4-11。

表 4-11　PID 参数表

参数号	出厂值	设置值	说　明
P0003	1	3	用户访问级为专家级
P0004	0	0	参数过滤显示全部参数
* P2280	3	3	PID 比例增益系数
* P2285	0	0.4	PID 积分时间

2. 参数含义详解

(1) 数字输出 1 的功能 P0731

定义数字输出 1 的信号源。

可能的设定值：

52.0—变频器准备　0　闭合

52.1—变频器运行准备就绪　0　闭合

52.2—变频器正在运行　0　闭合

52.3—变频器故障　0　闭合

52.4—OFF2 停车命令有效　1　闭合

52.5—OFF3 停车命令有效　1　闭合

52.6—禁止合闸　0　闭合

52.7—变频器报警　0　闭合

52.8—设定值/实际值偏差过大　1　闭合

52.9—PZD 控制（过程数据控制）　0　闭合

52.A—已达到最大频率　0　闭合

52.B—电动机电流极限报警　1　闭合

52.C—电动机抱闸 MHB 投入　0　闭合

52.D—电动机过载　1　闭合

52.E—电动机正向运行　0　闭合

52. F—变频器过载 1 闭合

53. 0—直流注入制动投入 0 闭合

53. 1—变频器频率低于跳闸极限值 P2167 0 闭合

53. 2—变频器频率低于最小频率 P1080 0 闭合

53. 3—电流大于或等于极限值 0 闭合

53. 4—实际频率大于比较频率 P2155 0 闭合

53. 5—实际频率低于比较频率 P2155 0 闭合

53. 6—实际频率大于/等于设定值 0 闭合

53. 7—电压低于门限值 0 闭合

53. 8—电压高于门限值 0 闭合

53. A—PID 控制器的输出在下限幅值 P2292 0 闭合

53. B—PID 控制器的输出在上限幅值 P2291 0 闭合

(2) 数字输出 2 的功能 P0732

定义数字输出 2 的信号源。可能的设定值参看参数 P0731。

五、系统的运行调试

① 断电检查无误后，通电检查各电气设备的连接是否正常，并对单一设备逐一进行调试。

② 下载已调试无误的 PLC 程序。

③ 正确输入变频器参数。

④ 按下启动按钮，按照控制要求，对整个系统统一调试。

⑤ 调试完毕，断开电源。

任务评价

任务评价见表 4-12。

表 4-12 任务评价表

序号	考核内容	考核要求	评价标准	配分	扣分	得分
1	电路设计	能根据任务要求设计电路	1. 线路绘制不标准，每处扣 3 分 2. 线路设计错误，每处扣 5 分	20		
2	程序设计	能根据任务要求正确设计 PLC 梯形图	1. 程序编写错误，每处扣 3 分 2. 程序调试失败，每次扣 5 分	20		
3	参数设置	能根据任务要求正确设置变频器参数	1. 参数设置不全，每处扣 5 分 2. 参数设置错误，每处扣 5 分	20		
4	线路连接	能正确使用工具和仪表，按照电路图接线	1. 元件安装不符合要求，每处扣 2 分 2. 接线不规范，每处扣 1 分	20		
5	操作调试	能正确、合理地根据接线和参数设置，现场调试变频器的运行	1. 变频器操作错误，扣 10 分 2. 调试失败，扣 20 分	20		
6	安全文明生产	操作安全规范、环境整洁	违反安全文明生产规程，酌情扣分			

巩固练习

利用变频器通过控制某空调冷却系统压缩机的速度来实现温度控制，温度信号的采集由温度传感器完成。整个系统可由PLC和变频器配合实现自动恒温控制。系统控制要求如下：

① 系统有两台水泵，冷却进（回）水温差超出上限时，一台水泵全速运行，另一台变频高速运行，冷却进（回）水温差小于下限温度时，一台水泵变频低速运行。

② 两台水泵分别由电动机M1、M2拖动，全速运行由KM1、KM3两个接触器控制，变频调速分别由KM2、KM4两个接触器控制。

③ 温度传感器将管网的温度变为相应电信号，经变频器模拟端输入，变频器根据设定值与检测值进行PID运算，输出相应频率调节水泵转速。

试根据控制要求，绘制接线图、设计梯形图并安装调试。

任务 4.4 龙门刨床变频调速系统的安装与调试

学习目标

1. 了解刨床系统的构成。
2. 掌握刨床主拖动系统的电气控制要求。
3. 掌握变频调速在刨床主拖动系统中的应用。

任务要求

1. 根据控制系统要求设计控制线路。
2. 根据控制系统要求编写程序。
3. 设置变频器参数并调试。

相关知识

刨床具有门式框架和卧式长床身结构。龙门刨床主要用于刨削大型工件，也可在工作台上装夹多个零件同时加工，是工业母机，在工业生产中占有重要地位。龙门刨床主拖动电气控制系统，是由工作台带着工件通过门式框架作直线往复运动和调速，空行程速度大于工作行程速度。传统刨床工作台的驱动可用发电机-电动机组或晶闸管直流调速方式，调速范围较大，在低速时也能获得较大的驱动力，但控制繁杂，维护、检修困难。

以A系列龙门刨床为例，其工作台拖动采用G-M（发电机-电动机组）调速系统，通过调节直流电动机电压来调节输出速度，并采用两级齿轮变速箱变速的机电联合调节方法。该调速系统结构复杂，此外，尽管直流电动机在额定转速以上，可以进行具有恒功率性质的弱磁调速，但由于在弱磁调速时无法利用电流反馈和速度反馈环节来发送机械特性，故不能用于切削过程中。同时，该系统中的电动机功率比负载功率要大很多。若采用变频器对其进行速度控制，则可以克服上述不足。本任务就是应用变频器与 PLC 配合对龙门刨床进行改造。

一、龙门刨床的基本结构

龙门刨床主要用来加工机床床身、箱体、横梁、立柱、导轨等大型机件的水平面、垂直面、倾斜面以及导轨面等。主要由 7 部分组成，如图 4-17 所示。

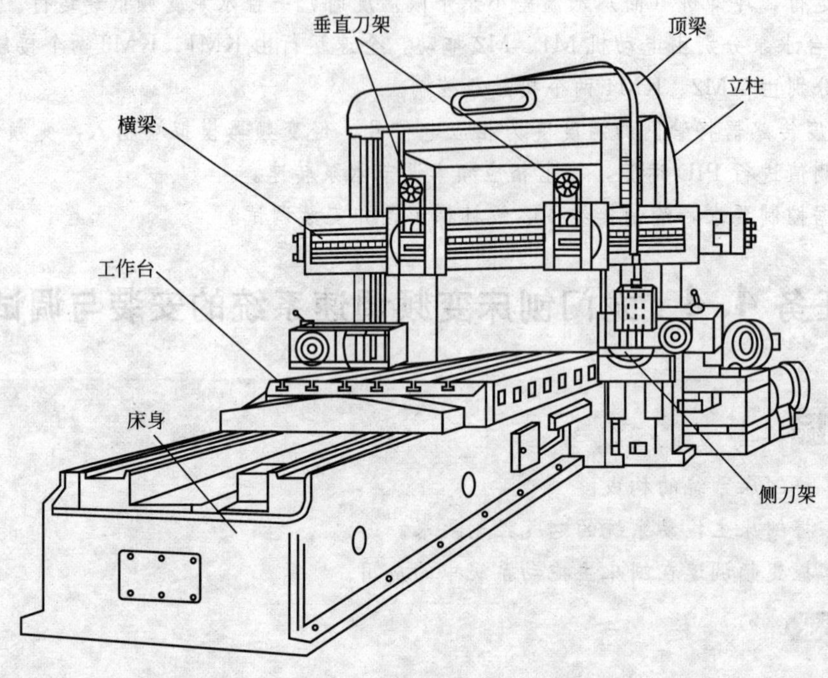

图 4-17　龙门刨床示意图

(1) 床身

是一个箱形体，上有 V 形和 U 形导轨，用于安置工作台。

(2) 工作台

也叫刨台，用于安置工件。下有传动机构，可顺着床身的导轨作往复运动。

(3) 横梁

用于安置垂直刀架。在切削过程中严禁动作，仅在更换工件时移动，用以调整刀架的高度。

(4) 左右垂直刀架

安装在横梁上，可沿水平方向移动，刨刀也可沿刀架本身的导轨垂直移动。

(5) 左右侧刀架

安装在立柱上，可上下移动。

(6) 立柱

用于安装横梁及刀架。

(7) 顶梁

用于坚固立柱。

二、龙门刨床的刨台运动

龙门刨床的刨削过程是工件（安置在刨台上）与刨刀之间作相对运动的过程。因为刨刀是不动的，所以龙门刨床的主运动就是刨台的频繁往复运动。

1. 刨台的调速

刨台运动一个周期主要有 5 个时段，即慢速切入时段、正常切削时段、退出工件时段、高速返回时段和缓冲时段，如图 4-18 所示。

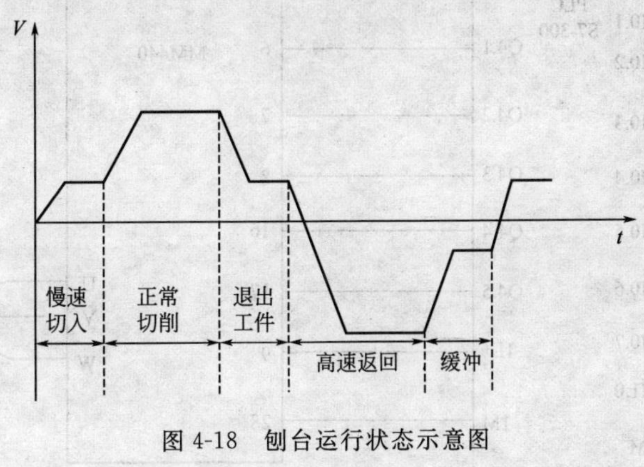

图 4-18　刨台运行状态示意图

2. 点动功能

为便于切削前调整，刨台必须能够点动，常称为“刨台步进”和“刨台步退”。

3. 联锁功能

(1) 与横梁、刀架的联锁

刨台的往复运动与横梁的移动、刀架的运动之间必须有可靠的联锁。

(2) 与油泵电动机的联锁

一方面，只有在油泵正常供油的情况下，才允许进行刨台的往复运动；另一方面，如果在刨台往复运动过程中，油泵电动机因发生故障而停机，刨台将不允许在刨削中间停止运行，而必须等刨台返回至起始位置时再停止。

4. 电气制动功能

因刨台在工作过程中处于频繁往复运行状态，为提高工作效率，制动单元必不可少。MM440 变频器 75kW（含）以下机型已经内置了制动单元，用户只需外部配置制动电阻即可实现能耗制动，以满足工艺要求。

任务实施

根据前述龙门刨床刨台工作情况分析，设计刨台的变频调速控制系统。对应一个完整的工作周期中刨台速度的变化，变频器的频率输出为：

① 慢速切入、退出工件：25Hz。

② 正常切削：45 Hz。

③ 高速返回：50 Hz。

④ 缓冲：20 Hz。

此外，系统还要求具有点动及联锁功能。

一、线路连接

根据控制系统要求设计线路图，如图 4-19 所示。

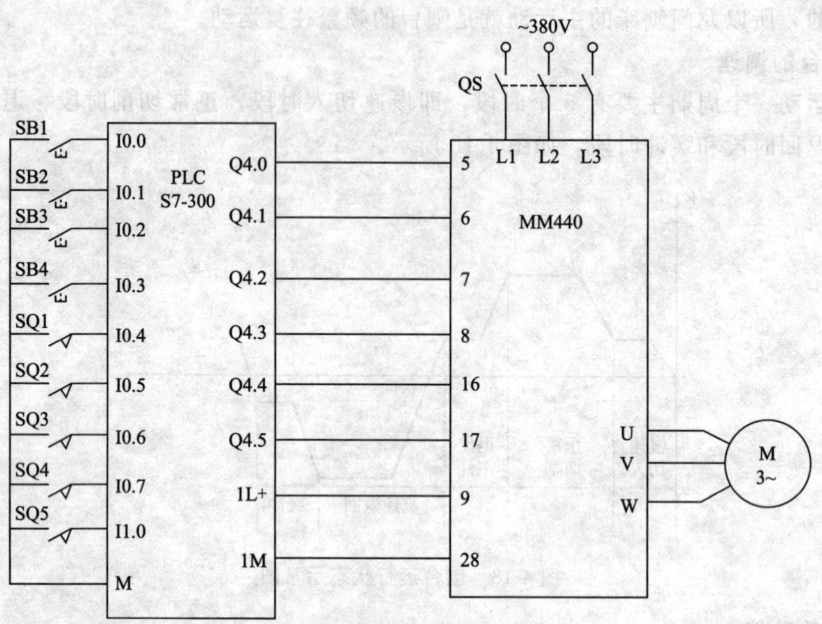

图 4-19　刨台变频调速系统接线图

二、I/O 地址分配表

I/O 地址分配表见表 4-13 所示。

表 4-13　I/O 地址分配表

输入地址	元件	功能	输出地址	元件	功能
I0.0	SB1	启动	Q4.0	DIN1	四速功能
I0.1	SB2	停止	Q4.1	DIN2	四速功能
I0.2	SB3	刨台步进	Q4.2	DIN3	四速功能
I0.3	SB4	刨台步退	Q4.3	DIN4	正转启停
I0.4	SQ1	前进限位	Q4.4	DIN5	刨台步进
I0.5	SQ2	前进减速	Q4.5	DIN6	刨台步退
I0.6	SQ3	前进换向			
I0.7	SQ4	后退减速			
I1.0	SQ5	后退换向			

三、PLC 控制程序梯形图

刨台变频调速系统控制程序梯形图如图 4-20 所示。

四、相关功能参数设置及含义详解

1. 参数设置

(1) 参数复位

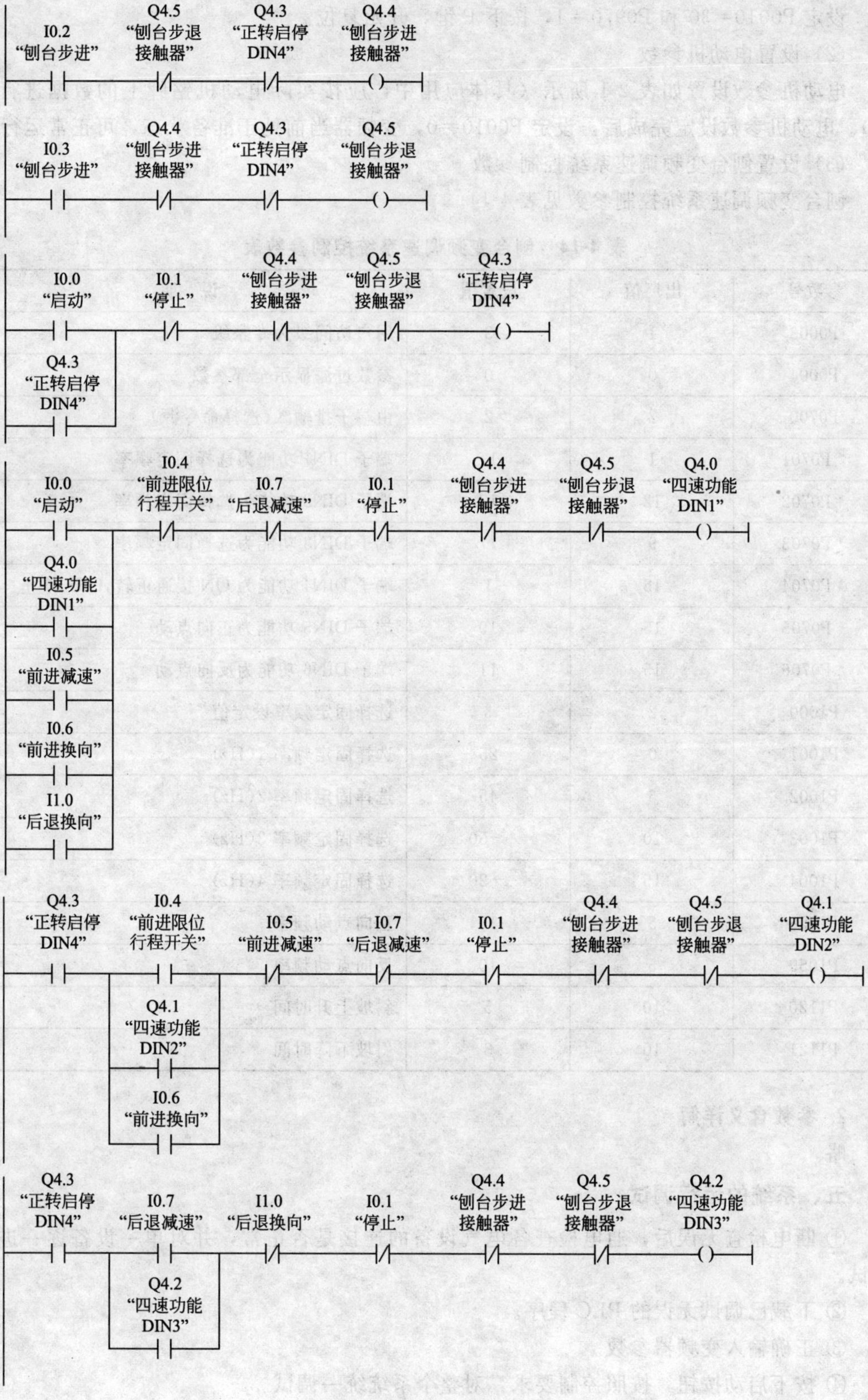

I0.2 “刨台步进”　Q4.5 “刨台步退接触器”　Q4.3 “正转启停DIN4”　Q4.4 “刨台步进接触器”

I0.3 “刨台步进”　Q4.4 “刨台步进接触器”　Q4.3 “正转启停DIN4”　Q4.5 “刨台步退接触器”

I0.0 “启动”　I0.1 “停止”　Q4.4 “刨台步进接触器”　Q4.5 “刨台步退接触器”　Q4.3 “正转启停DIN4”
Q4.3 “正转启停DIN4”

I0.0 “启动”　I0.4 “前进限位行程开关”　I0.7 “后退减速”　I0.1 “停止”　Q4.4 “刨台步进接触器”　Q4.5 “刨台步退接触器”　Q4.0 “四速功能DIN1”
Q4.0 “四速功能DIN1”
I0.5 “前进减速”
I0.6 “前进换向”
I1.0 “后退换向”

Q4.3 “正转启停DIN4”　I0.4 “前进限位行程开关”　I0.5 “前进减速”　I0.7 “后退减速”　I0.1 “停止”　Q4.4 “刨台步进接触器”　Q4.5 “刨台步退接触器”　Q4.1 “四速功能DIN2”
Q4.1 “四速功能DIN2”
I0.6 “前进换向”

Q4.3 “正转启停DIN4”　I0.7 “后退减速”　I1.0 “后退换向”　I0.1 “停止”　Q4.4 “刨台步进接触器”　Q4.5 “刨台步退接触器”　Q4.2 “四速功能DIN3”
Q4.2 “四速功能DIN3”

图 4-20　刨台变频调速系统控制程序梯形图

设定 P0010=30 和 P0970=1，按下 P 键，开始复位。

(2) 设置电动机参数

电动机参数设置如表 2-1 所示（具体应用中，应按实际电动机铭牌上的数据进行设置）。电动机参数设定完成后，设定 P0010=0，变频器当前处于准备状态，可正常运行。

(3) 设置刨台变频调速系统控制参数

刨台变频调速系统控制参数见表 4-14。

表 4-14 刨台变频调速系统控制参数表

参数号	出厂值	设置值	说 明
P0003	1	3	用户访问级为专家级
P0004	0	0	参数过滤显示全部参数
P0700	2	2	由端子排输入(选择命令源)
* P0701	1	17	端子 DIN1 功能为选择固定频率
* P0702	12	17	端子 DIN2 功能为选择固定频率
* P0703	9	17	端子 DIN3 功能为选择固定频率
* P0704	15	1	端子 DIN4 功能为 ON 接通正转,OFF 停止
* P0705	15	10	端子 DIN5 功能为正向点动
* P0706	15	11	端子 DIN6 功能为反向点动
P1000	2	3	选择固定频率设定值
P1001	0	25	选择固定频率 1(Hz)
P1002	5	45	选择固定频率 2(Hz)
P1003	10	−50	选择固定频率 3(Hz)
P1004	15	−20	选择固定频率 4(Hz)
P1058	5	10	正向点动频率
P1059	5	10	反向点动频率
P1120	10	5	斜坡上升时间
P1121	10	3	斜坡下降时间

2. 参数含义详解

略。

五、系统的运行调试

① 断电检查无误后，通电检查各电气设备的连接是否正常，并对单一设备逐一进行调试。

② 下载已调试无误的 PLC 程序。

③ 正确输入变频器参数。

④ 按下启动按钮，按照控制要求，对整个系统统一调试。

⑤ 调试完毕，断开电源。

任务评价

任务评价见表4-15。

表4-15　任务评价表

序号	考核内容	考核要求	评价标准	配分	扣分	得分
1	电路设计	能根据任务要求设计电路	1. 线路绘制不标准，每处扣3分 2. 线路设计错误，每处扣5分	20		
2	程序设计	能根据任务要求正确设计PLC梯形图	1. 程序编写错误，每处扣3分 2. 程序调试失败，每次扣5分	20		
3	参数设置	能根据任务要求正确设置变频器参数	1. 参数设置不全，每处扣5分 2. 参数设置错误，每处扣5分	20		
4	线路连接	能正确使用工具和仪表，按照电路图接线	1. 元件安装不符合要求，每处扣2分 2. 接线不规范，每处扣1分	20		
5	操作调试	能正确、合理地根据接线和参数设置，现场调试变频器的运行	1. 变频器操作错误，扣10分 2. 调试失败，扣20分	20		
6	安全文明生产	操作安全规范、环境整洁	违反安全文明生产规程，酌情扣分			

巩固练习

利用PLC和变频器组合对生产线中的小车自动运行进行设计、安装与调试。系统控制要求如下：

① 某车间有5个工位，小车在5个工位之间往返运行送料。当小车所停工位号小于呼叫号时，小车右行至呼叫号处停车。

② 小车所停工位号大于呼叫号时，小车左行至呼叫号处停车。

③ 小车所停工位号等于呼叫号时，小车原地不动。

④ 启动前发出报警启动信号，报警5s后方可左行或右行。

⑤ 小车启动加减速时间可根据实际情况自定。

⑥ 小车具有正反转点动运行功能。

附录　西门子变频器故障诊断

MM440变频器非正常运行时，会发生故障或者报警。当发生故障时，变频器停止运行，面板显示以F字母开头的相应故障代码，需要故障复位才能重新运行。当发生报警时，变频器继续运行，面板显示以A字母开头的相应报警代码，报警消除后代码自然消除。

故障代码	故障成因分析	故障诊断及处理
F0001 过电流	电动机电缆过长 电动机绕组短路 输出接地 电动机堵转 变频器硬件故障 加速时间过短(P1120) 电动机参数不正确 启动提升电压过高(P1310) 矢量控制参数不正确	1. 变频器上电报F0001故障且不能复位,请拆除电动机并将变频器参数恢复为出厂设定值,如果此故障依然出现,请联系西门子维修部门 2. 启动过程中出现F0001,可以适当加大加速时间,减轻负载,同时要检查电动机接线,检查机械抱闸是否打开 3. 检查负载是否突然波动 4. 用钳形表检查三相输出电流是否平衡 5. 对于特殊电动机,需要确认电动机参数,并正确修改V/F曲线 6. 对于变频器输出端安装了接触器,检查是否在变频器运行中有通断动作 7. 对于一台变频器拖动多台电动机的情况,确认电动机电缆总长度和总电流
F0002 过电压	输入电压过高或者不稳 再生能量回馈 PID参数不合适	1. 延长降速时间P1121,使能最大电压控制器(P1240=1) 2. 测量直流母线电压,并且与r0026的显示值比较,如果相差太大,建议维修 3. 负载是否平稳 4. 测量三相输入电压 5. 检查制动单元、制动电阻是否工作 6. 如果使用PID功能,检查PID参数
F0003 欠电压	输入电压低 冲击负载 输入缺相	1. 测量三相输入电压 2. 测量三相输入电流是否平衡 3. 测量变频器直流母线电压,并且与r0026显示值比较,如果相差太大,需维修 4. 检查制动单元是否正确接入 5. 输出是否有接地情况
F0004 变频器过温	冷却风量不足,机柜通风不好 环境温度过高	1. 检查变频器本身的冷却风机 2. 可以适当降低调制脉冲的频率 3. 降低环境温度
F0005 变频器 I^2t 过载	电动机功率(P0307)大于变频器的负载能力(P0206) 负载有冲击	检查变频器实际输出电流r0027是否超过变频器的最大电流r0209

续表

故障代码	故障成因分析	故障诊断及处理
F0011 电动机过热	负载的工作/停止周期不符合要求 电动机超载运行 电动机参数不对	1. 检查变频器输出电流 2. 重新进行电动机参数识别(P1910=1) 3. 检查温度传感器
F0022 功率组件故障	制动单元短路,制动电阻阻值过低 电动机接地 IGBT 短路 组件接触不良	1. 如果 F0022 在变频器上电时就出现且不能复位,重新插拔 I/O 板或者维修 2. 如果故障出现在变频器启动的瞬间,检查斜坡上升时间是否过短 3. 检查制动单元、制动电阻 4. 检查电动机、电缆是否接地
F0041 电动机参数检测失败	电动机参数自动检测故障	检查电动机类型、接线,内部是否有短路 手动测量电动机阻抗写入数 P0350
F0042 速度控制优化失败	电动机动态优化故障	检查机械负载是否脱开,重新优化
F0080 模拟输入信号丢失	断线,信号超出范围	检查模拟量接线,测试信号输入
F0453 电动机堵转	电动机转子不旋转	检查机械抱闸,重新优化
A0501 过电流限幅	电动机电缆过长 电动机内部有短路 接地故障 电动机参数不正确 电动机堵转 补偿电压过高 启动时间过短	1. 检查电动机电缆 2. 检查电动机绝缘 3. 检查变频器的电动机参数、补偿电压、加减速时间设置是否正确
A0502 过电压限幅	线电压过高或者不稳 再生能量回馈	1. 测量三相输入电压 2. 增加降速时间 P1121 3. 安装制动电阻 4. 检查负载是否平衡
A0503 欠电压报警	电网电压低 输入缺相 冲击性负载	1. 测量变频器输入电压 2. 如果变频器在轻载时能正常运行,但重载时报欠电压故障,测量三相输入电流。可能是缺相,可能是变频器整流桥故障 3. 检查负载
A0504 变频器过温	冷却风量不足,机柜通风不好,环境温度过高	1. 检查变频器的冷却风机 2. 改善环境温度 3. 适当降低调制脉冲的频率

续表

故障代码	故障成因分析	故障诊断及处理
A0505 变频器过载	变频器过载工作/停止周期不符合要求 电动机功率(P0307)超过变频器的负载能力(P0206)	可以通过检查变频器实际输出电流 r0027 是否接近变频器的最大电流 r0209,如果接近,说明变频器过载,建议减小负载
A0511 电动机 I^2t 过载	电动机过载工作/停止周期中,工作时间太长	1. 检查负载的工作/停止周期 2. 检查电动机的过温参数(P0626~P0628) 3. 检查电动机的温度报警电平(P0604) 4. 检查所连接传感器是否是 KTY84 型
A0512 电动机温度信号丢失	至电动机温度,传感器的信号线断线	如果已检查出信号线断线,温度监控开关应切换到采用电动机的温度模型进行监控
A0521 运行环境过温	运行环境温度超出报警值	1. 检查环境温度,必须在允许限值以内 2. 检查变频器运行时冷却风机是否正常转动 3. 检查冷却风机的进风口,不允许有任何阻塞
A0541 电动机数据自动检测已激活	已选择电动机数据的自动检测(P1910)功能,或检测正在进行检测	如果此时 P1910=1,需要马上启动变频器激活自动检测
A0590 编码器反馈信号丢失	从编码器来的反馈信号丢失	1. 检查编码器的安装及参数设置 2. 检查变频器与编码器之间的接线 3. 手动运行变频器,检查 r0061 是否有反馈信号 4. 增加编码器信号丢失的门限值(P0492)
A0910 最大电压控制器未激活	电源电压一直太高,电动机由负载带动旋转,使电动机处于再生制动方式下运行,负载的惯量特别大	检查电源输入,安装制动单元、制动电阻
A0911 最大电压控制器激活	直流母线电压超过 P2172 所设定的门限值	
A0922	变频器无负载	输出没接电动机,或者电动机功率过小

参 考 文 献

[1] 陶权，吴尚庆．变频器应用技术［M］．广州：华南理工大学出版社，2007.
[2] 王建，杨秀双．西门子变频器入门与典型应用［M］．北京：中国电力出版社，2011.
[3] 李方园．图解西门子变频器入门到实践［M］．北京：中国电力出版社，2012.
[4] 姚锡禄．变频器控制技术入门与应用实例［M］．北京：中国电力出版社，2009.
[5] 陈立香．变频调速［M］．北京：机械工业出版社，2009.